Kerstin Elstner

Der Schatten des Wolfes

Kerstin Elstner

Der Schatten des Wolfes

Wie ich eine heimtückische Krankheit besiegte

Mit einem Geleitwort von
Prof. Dr. Falk Hiepe

Ullstein

Co-Autor: Peter Hilliges

ISBN-13: 978–3-550-07863-7
ISBN-10: 3-550-07863-3

Fotos: Privatarchiv Kerstin Elstner; Peter Hilliges

Gesetzt aus der Sabon bei LVD GmbH, Berlin
Druck und Bindung: Clausen & Bosse, Leck
Printed in Germany

Dieses Buch ist vor allem meinem Mann Lars gewidmet, der sich stets aufopferungsvoll um mich gekümmert hat und nie den Glauben an eine Heilung verlor.

Ich wünsche mir aber auch, dass alle Menschen, die in schwierigen Situationen keinen Ausweg mehr sehen, aus meiner Geschichte Hoffnung schöpfen können.

Sich selbst zu überwinden, ist der allerschwerste Krieg!
Sich selbst zu überwinden, ist der allerschönste Sieg!

Friedrich von Logau

Inhalt

Geleitwort

Von Prof. Dr. med. Falk Hiepe

Der Systemische Lupus Erythematodes ist eine chronische, in Schüben verlaufende Erkrankung, die neben der Haut andere wichtige Gewebe und Organe befallen kann. Bei schweren Verlaufsformen der Erkrankung kann es zum Versagen lebenswichtiger Organfunktionen kommen. Bis jetzt sind die Ursachen für die Entstehung dieser Erkrankung, die vorwiegend bei jungen Frauen auftritt, nicht ausreichend geklärt. Detaillierte Kenntnisse bestehen aber über die Störungen im Immunsystem, die zu den entzündlichen Veränderungen in den Organen und ihrer Schädigung führen. Die Aufgabe des Immunsystems besteht darin, den Organismus vor Infektionen zu schützen. Um dies zu erfüllen, muss das Immunsystem sehr genau zwischen fremd (z. B. einem Erreger) und selbst (d. h. körpereigenen Zellen) unterscheiden können. Eine Fehlregulation des Immunsystems führt bei dieser Erkrankung aber dazu, dass ein Teil des Immunsystems mit körpereigenen Bestandteilen (Autoimmunität) reagiert, die dann zu Entzündungen in den betroffenen Organen führt. Somit gehört der Lupus erythematodes zu den Autoimmunerkrankungen. Die Behandlung zielt darauf ab, die Entzündung zu hemmen und das Immunsystem zu unterdrücken.

In Zusammenarbeit mit dem Deutschen Rheumaforschungszentrum beschäftigen wir uns an der Berliner Charité mit einem neuen Behandlungskonzept bei sehr schweren Autoimmunerkrankungen: Mit einer speziellen Methode werden Stammzellen aus dem Blut der Patienten gewonnen und aufbewahrt. Anschließend wird das krankhafte Immunsystem mit Medikamenten zerstört. Der Patient erhält nachfolgend seine eigenen Blutstammzellen zurück, damit sich ein neues, gesundes Immunsystem etablieren kann. Unsere eigenen Ergebnisse und die anderer Zentren zeigen, dass Patienten, die auf die üblichen Therapieverfahren nicht ausreichend angesprochen hatten und mit dieser Methode der autologen Stammzelltransplantation behandelt wurden, über Jahre keine Krankheitszeichen des Lupus erythematodes aufwiesen. Eine Fortführung der Therapie mit Prednisolon und anderen das Immunsystem unterdrückenden Medikamenten ist infolgedessen nicht weiter erforderlich – das neu gebildete Immunsystem ist vergleichbar mit dem eines Gesunden. Somit stellt dieses Behandlungskonzept eine Möglichkeit dar, schwerkranken Patienten mit einem Lupus erythematodes oder einer anderen Autoimmunerkrankung langfristig zu helfen.

In ihrem hier vorliegenden Buch beschreibt Kerstin Elstner, die an einer sehr schweren Form des Systemischen Lupus Erythematodes erkrankt war, ihr Leben mit dieser chronischen Autoimmunkrankheit. Bereits als junger Mensch wird sie mit den Symptomen der Erkrankung und mit Medikamenten konfrontiert, die ihr Leben beeinträchtigen. Sie erzählt aus ihrer Sicht als Patientin, welche Ängste und Hoffnungen mit der Stammzelltransplantation verbunden sind. Bei Frau Elstner hat diese Therapie seit mehr als fünf Jahren die Erkrankung unterdrückt. Sie konnte erfolgreich ihr Architekturstudium abschließen und mit der Geburt eines gesunden Sohnes hat sich auch das familiäre Glück vervollkommnet.

Im Buch wird eindringlich beschrieben, wie wichtig Verwandte, Freunde und Partner für die Bewältigung schwieriger Lebensabschnitte sind. An diesem Einzelschicksal wird ebenfalls deutlich, welche Verantwortung wir Ärzte und das Pflegepersonal bei der Betreuung von chronisch kranken Menschen tragen. Ich bin überzeugt, dass diese autobiographische Erzählung anderen Patienten hilft. Dass sie ihnen Mut und Kraft gibt, sich mit ihrem chronischen Leiden auseinander zu setzen und dass sie zu seiner Bewältigung beiträgt.

Der medizinische Fortschritt, wie von der Patientin erlebt, hat dazu geführt, dass viele chronisch Kranke bereits heute von neuen Therapien profitieren, an die vor zehn, 15 Jahren noch nicht zu denken war. Und diese Entwicklung geht weiter und nimmt dank einer immer stärkeren Verzahnung von Grundlagen- und klinischer Forschung an Fahrt zu. Die damit verbundenen Probleme wie Kostenfaktor, ethische Fragen und vieles mehr stellen eine große, im Interesse unserer Patienten dringend zu lösende Herausforderung für unsere Gesellschaft dar.

Professor Dr. Falk Hiepe ist Leitender Oberarzt an der Medizinischen Klinik für Rheumatologie und klinische Immunologie am Universitätsklinikum Charité Berlin und Leiter einer Forschungsgruppe Autoimmunität am Deutschen Rheumaforschungszentrum Berlin.

Alles wird gut

ALS ALLES ANFING MIT DEM WOLF und mir, da wusste ich nicht viel von Wölfen. Sie waren Gestalten aus Märchen. Dabei verbindet eine mehr als zehntausend Jahre währende Beziehung Mensch und Wolf. Eine Geschichte, in der es entweder um Hass oder mythische Verehrung geht. Dazwischen scheint es nichts zu geben.

Die frühen Jäger sahen in ihm den Rivalen, der ihnen die Beute streitig machte. Die Bauern verfolgten ihn als mordlüsternen Gesellen, der wie im Blutrausch unter den Schafen wilderte. Als sich Mensch und Wolf näher kennen lernten, erkannten sie ihre Gemeinsamkeiten: Beide leben im Familienverband, haben eine Rangordnung, markieren ihre Reviere und gehen gemeinsam auf die Jagd. Was lag also näher, als aus dem Feind einen Gefährten zu machen, ihn zum Hund zu domestizieren? Gleichwohl wurden die Stärken des Wolfes Attribute, die für Männlichkeit standen; Städte nahmen den Wolf gar in ihr Wappen auf, Söhne wurden Wolfgang oder Wolfhart getauft. Doch der Respekt konnte die Angst nie vertreiben, geschürt von Märchen wie jenem vom Rotkäppchen. Hinter unerklärlichen Wesensveränderungen von Menschen wurde der Wolf vermutet, Werwölfe wurden das Sinnbild des Bösen schlechthin. Schließlich zogen die Wölfe sogar in die Begriffswelt der Medizin ein: Anfang des 19. Jahrhunderts beschrieb erstmals ein französischer Hautarzt narbenartige Veränderungen im Gesicht von Patienten als Wolfsbiss. Da Mediziner sich lieber lateinisch ausdrücken, fand sein Name schließlich für diese Krankheit Verwendung – Lupus.

Ich hatte Lupus. Wäre dies eine der alten Schauergeschichten, könnte ich sagen: Ich hatte den Wolf in mir. Sieben Jahre lang kämpfte ich gegen ihn, bekam ihn dennoch nie zu sehen und auch niemand anders sah ihn je; er ist heimtückischer als sein vierbeiniger Namenspatron. Aber ein ebenso hartnäckiger Gegner wie dieser.

Gut, dass ich all das nicht wusste, als mein Kampf begann.

Im November 1988 war ich elf. Ich freute mich auf den Advent, den Kerzenschein, die Ruhe, die Musik, das Zusammensein mit meiner Familie. Wir führten ein ruhiges Leben. Papa hatte Philosophie studiert und war Offizier. Er bildete Unteroffiziere aus. Mama hatte eigentlich eine Ausbildung zur Informatikerin, war aber zu dieser Zeit zuständig für die Einberufung von jungen Soldaten. Wir hatten eine schöne Wohnung in der vierten Etage mit Blick auf einen kleinen Teich, der sich direkt hinter dem Haus befand und auf dem jedes Jahr die Enten brüteten und viele Frösche laichten. Dahinter erstreckte sich ein weites offenes Feld mit vielen Kopfweiden – der Tummelplatz meiner Kindheit. Mit meinem Bruder Heiko habe ich dort manches Abenteuer erlebt und mit Freunden Cowboy und Indianer gespielt. In den dicken Stümpfen der Kopfweiden haben wir uns Buden gebaut und aus ihren dünnen Ästen Pfeil und Bogen geschnitzt.

Ich war eine gute Schülerin; es fiel mir leicht, in Klassenarbeiten Einsen zu schreiben und sah mich als Versager, wenn ich einmal eine Drei mit nach Hause brachte. Meine beste Freundin hieß Anka und wir verbrachten oft ganze Nachmittage zusammen, so dass ich manchen Abend mit der Schultasche beladen nach Hause ging.

In diesem November, als ich elf Jahre alt war, fiel der Schatten des Wolfes erstmals auf mein Leben: Meine Mutter kam ins Kreiskrankenhaus von Perleberg. Es befand sich auf der anderen Seite des offenen Feldes, in Sichtweite unserer Wohnung. Mama war sehr dünn geworden und in ihrem Gesicht waren rote Flecken. Aber sie beklagte sich nicht.

Mama sagte, was sie immer sagte, wenn ich mal eine Verletzung hatte: »Das ist nicht so schlimm, das heilt wieder.«

Ich machte mir dennoch Sorgen. »Ins Krankenhaus? Und Weihnachten?«

Aber bis Weihnachten war ja noch so viel Zeit.

»Die Ärzte machen Mama ganz schnell wieder gesund. Dafür ist sie ja im Krankenhaus!«

Meine Mutter kam kurz vor Weihnachten heim. Ich war so glücklich, dass alles wieder gut war; die Geschenke waren nicht so wichtig.

Doch meine Mutter war schwach und wollte es nicht zeigen. Diese Anspannung machte sie reizbar. Sie schimpfte mit meinem Bruder und mir wegen Kleinigkeiten: »Zieht die Schuhe aus, wenn ihr in die Wohnung kommt. Ihr macht alles dreckig! Ich habe gerade erst sauber gemacht!« Auch zwischen meinem Vater und ihr gab es oft laute Worte. Doch das war nichts, was mir Angst machte; es war wie ein heftiger Wind, der sich wieder legte.

Dann fiel ein Wort, das ich nicht verstand, das sich aber anfühlte, als habe der Sturm alle Fenster gleichzeitig aufgerissen.

»Ich habe Lupus«, sagte Mama.

»Was ist das?«

»Eine Krankheit, die nicht heilbar ist.«

Rheuma, Diabetes oder Krebs waren mir als unheilbare Krankheiten bekannt. Aber Lupus? Was sollte das sein? Ich konnte den Begriff nicht fassen. Und unheilbar? Das klang nicht gut! Mama und Sterben – das hatte zusammen in meinem Bewusstsein keinen Platz. So fest klammerte ich mich an den Satz, den sie so oft gesagt und mir dabei liebevoll übers Haar gestreichelt hatte – »Das geht alles wieder vorbei« –, dass ich nicht fragte, was die Diagnose eigentlich bedeutete.

Nach Weihnachten musste meine Mutter noch einmal ins Krankenhaus, aber sie kam wieder. Und sie blieb vorerst zu Hause, was ich mit dem natürlichen Egoismus eines von der Schule heimkehrenden Kindes genoss. Sie war nun krankgeschrieben. Aber auch darin lag keine Endgültigkeit. Papa hatte die Zeit ihres Krankenhausaufenthaltes dazu genutzt, um ihr für Mai einen Platz in der renommierten Militärklinik in Bad Saarow bei Berlin zu beschaffen. Dort konnte man sie sicher heilen. Danach musste einfach alles wieder so sein wie zuvor!

Schon zwei Monate nach ihrer Entlassung aus dem Krankenhaus in Perleberg zeichnete sich ab, dass noch nicht alles ausgestanden war. Mamas Knöchel schwollen an. Anfangs war es nur ein Druck an den Schuhkanten. Es wurde rasch schlimmer: Zog sie die Schuhe aus, blieben die Umrisse der Öffnung in der Haut zurück. Bald sah es aus, als würde ein gefüllter, aus Haut bestehender Strumpf über den Rand des Schuhs quellen. Ich ekelte mich vor einer Berührung der Stellen und hatte Angst, Mama dabei wehzutun.

»Ich habe Wasser in den Beinen.«

Diese Erklärung erhielt ich im März, kurz nach meinem zwölften Geburtstag. Dass Wasser in den Beinen etwas mit den Nieren zu tun hatte, kannte ich nur von alten Leuten.

Mama war doch noch nicht alt! Ich konnte nicht erahnen, was es wirklich bedeutete. Meine Mutter hat es vermutlich auch nicht gewusst. Sie nahm Entwässerungstabletten. Die sollten das Gleiche bewirken wie der Kuss, den sie mir auf eine Prellung gab: »Alles wird gut.«

Obwohl krankgeschrieben, besuchte Mutter oft ihre Arbeitsstätte, um nicht den Kontakt zu den Kollegen zu verlieren. Während eines solchen Besuches erfuhr sie von einem der Ärzte, der die Wehrtauglichkeitsuntersuchungen durchführte, dass sie mit großer Sicherheit nicht wieder arbeiten können würde.

»Der Arzt irrt sich«, sagte Mama voller Zuversicht.

Es wurde Mai und meine Mutter bekam Fieber; es stieg unaufhörlich über 40 Grad. Papa rief den Arzt seiner Dienststelle, der mitten in der Nacht in unsere Wohnung kam und sich auf die Kante von Mamas Bett setzte, um sie zu untersuchen. Es herrschte eine ungewöhnliche Atmosphäre bei uns zu Hause. Niemand schlief und es war wie die Stille vor einem großen Sturm. Ich hatte das erste Mal wirklich Angst um Mama. Kein Kuss, kein Streicheln, keine guten Worte halfen mehr.

Eigentlich sollte Mama am nächsten Tag nach Bad Saarow fahren. Meinem Vater gegenüber erklärte der Arzt: »Sie können Ihre Frau nicht in die Militärklinik bringen. Sie ist nicht transportfähig.«

Als sie der Krankenwagen fortbrachte, konnte ich die Tragweite des Geschehens immer noch nicht einordnen. In der Klinik, die sich in Sichtweite unserer Wohnung befand, erfuhr ich, dass Mutter sofort verlegt werden würde.

»Das kriegen wir hier nicht hin«, sagten die Ärzte.

»Es liegt an meinen Nieren. Ich muss in Schwerin untersucht werden«, erklärte mir Mutter. »Aber ich komm ja bald wieder. Das wird schon nicht so schlimm sein.«

»Genau, Mama, du bist bald wieder gesund! In Schwerin ist es vermutlich besser, sonst würden die Ärzte dich nicht dahin schicken«, bekräftigte ich ihre Worte in blindem Vertrauen auf die Entscheidung in der Klinik.

Unser alter gelber Trabant versagte gerade in dieser Zeit endgültig seinen Dienst. Somit waren wir auf den Zug angewiesen, um die 80 Kilometer nach Schwerin zu fahren. Vom Schweriner Bahnhof ging es per Straßenbahn weiter zum neu erbauten Bezirkskrankenhaus, dem heutigen Klinikum Schwerin. Allein diese Reise faszinierte mich schon.

Perleberg, wegen seiner Backsteingotik heute die »Perle der Prignitz« genannt, erschien mir damals klein; in einer halben Stunde konnte ich von einem zum anderen Ende zu Fuß laufen. Das im Vergleich riesige Schwerin mit Alleen und Straßenbahnen, einem Schloss und einem großen See war allein schon eine Reise wert. Das neue mehrstöckige Gebäude des Krankenhauses lag in einem weitläufigen Park mit Springbrunnen. Und erst sein Innenleben: Fahrstühle, die wie von Geisterhand bewegt durch die Etagen schwebten! Auf den Fluren fuhren kleine Züge, die Essen, Medikamente und Materialien transportierten! Was für eine Welt es hier zu entdecken galt!

Aber diese Welt hieß mich nicht willkommen: »Zutritt für Kinder unter 14 Jahren verboten«, stand auf einer Glastür, die zur Station meiner Mutter führte. Papa und Heiko, der gerade 16 geworden war, durften hinein und ich sollte Mama nicht sehen? Das konnte ich nicht verstehen. Papa setzte sich kurzerhand über das Verbot hinweg und nahm mich mit hinein.

Wir fuhren nach Hause und es wurde nicht viel über Mutters Krankheit geredet. Das Leben musste weitergehen. Mama würde irgendwann ja wieder nach Hause kommen.

Zumindest mir fehlte jegliche Vorstellung davon, wie lange das dauern konnte.

Papa teilte die Aufgaben im Haushalt unter uns dreien auf. Heiko lernte Kochen – Senfeier, Hühnerfrikassee, Buletten mit Kartoffelbrei.

Ich war für die Wäsche zuständig. Für mich war es nichts Ungewöhnliches, im Haushalt zu helfen. Aber nun durfte ich die Waschmaschine alleine bedienen. Mit gewissem Stolz übernahm ich die neue Herausforderung. Zudem hatte ich mich um unsere Haustiere zu kümmern. Da waren das Meerschwein Struppi, die Fische im 80-Liter-Aquarium und der Wellensittich Bubi. Trotzdem hatte ich immer Zeit für meine Freunde. Papa hatte alles wunderbar organisiert.

Wenn es wieder einmal so weit war, dass wir Mutter in Schwerin besuchten, dann erzählte ich: »Mama, wir kommen ganz gut zurecht.«

Keine Sekunde lang dachte ich daran, dass ihr dieser Satz auch wehtun könnte. Dass er ihr vor Augen führte, wie selbstständig ich bereits war. Mein Einsatz sollte ihr viel mehr zeigen, dass sie sich keine Sorgen um uns zu machen brauchte und sich auf ihre Genesung konzentrieren konnte. Und jedes Mal stellte ich die gleiche Frage: »Wann kommst du wieder nach Hause?«

Wir saßen im Gang auf Holzbänken, die Versorgungswägelchen glitten von unsichtbarer Hand gesteuert auf Schienen vorbei und Mama sagte, was mit ihr los war: »Die Ärzte haben festgestellt, dass meine Nieren fast zerstört waren. Es war schon beinahe wie bei Krebs.«

Dieser Satz und die Art, wie Mama uns zu erklären versuchte, warum es ihr so schlecht gegangen war, hatte für mich auf paradoxe Weise etwas Beruhigendes, denn sie sprach in der Vergangenheit. Sie würde also wieder gesund werden. Da war wieder ihr alter Optimismus. Dieses: Es wird schon alles gut. Die Krankheit machte mir deshalb keine Angst. Meine Mutter ging mit ihrer damals zeitweise lebensbedrohlichen Erkrankung so entspannt um, als handle es sich um einen unbedeutenden Zwischenfall.

Und Papa sagte: »Werde schnell wieder gesund, Brigitte. Komm nach Hause, ich unterstütze dich bei allem.«

Als die Zeugnisse im Sommer verteilt wurden, gab es beim Fahnenappell die üblichen Belobigungen. Die DDR, die noch bestand und in der wir lebten, propagierte das Streben nach Auszeichnungen. Mein ausgeprägtes Gerechtigkeitsempfinden, das mich oftmals nach Meinung der Führungskader für die falsche Seite Partei ergreifen ließ, hatte bislang verhindert, dass meine schulischen Leistungen gewürdigt wurden. In diesem Sommer '89 erhielt ich die erste Belobigung meiner gesamten Schullaufbahn: »Weil du deine Mutti, die so krank ist, zu Hause ersetzen musst«, hieß es.

Ich ärgerte mich maßlos! Was ich daheim tat, war doch wohl selbstverständlich! Hätten sie der Genossin Elstner lieber einen Blumenstrauß ins Krankenhaus schicken sollen – sie war es doch, die litt, nicht ich!

Für den August hatte Vater schon lange im Voraus einen Familienurlaub in Schmalkalden im Thüringer Wald gebucht. Wir fuhren nun ohne Mama. Das tat weh. Aber die Sache hatte auch etwas Gutes – Papa hatte Zeit für uns. Er, der Naturliebhaber, ging mit uns wandern, zeigte uns die wilden Orchideen und die Verstecke der Kreuzottern. Wir wohnten im Ferienheim der Grenzsoldaten, zu denen mein Vater gehörte. Es wurde über bedeutsame Vorgänge gesprochen in jenen Tagen, und ich lauschte aufmerksam. Viele DDR-Bürger verließen ihr Land. Gleichzeitig war die Gesundheit des Staatsratsvorsitzenden Erich Honecker angeschlagen. »Wo soll das alles hinführen?«, hörte ich jene Männer fragen, deren Aufgabe die Sicherung der Grenzen war.

Mich, die Zwölfjährige, interessierte nur die Frage, wann Mama heimkäme.

Nicht lange nach unserer Rückkehr aus Thüringen brachten ihre Kollegen, die gerade zu einer Schulung in Schwerin gewesen waren, sie mit. Darüber war ich so glücklich, dass ich ihren wahren Zustand nicht erkennen konnte. Sie selbst machte sich in diesem Punkt wohl auch etwas vor, denn als im Oktober 1989 eine Ärztekommission ohne Anhörung meiner Mutter beschloss, sie in Rente zu schicken, traf sie das unvorbereitet.

Mama war 36 Jahre jung. Und Rentnerin.

Die Entscheidung zur Frühverrentung beraubte meine Mutter ihres Selbstwertgefühls. Von diesem Tag an begann sie sich schrittweise in sich selbst zurückzuziehen.

Oft hörte ich sie zu Papa sagen: »Ich kann doch nichts dafür, dass ich nicht mehr arbeiten gehe.«

Wenn ich heute an diesen Tag zurückdenke, so stellt er wohl den wahren Wendepunkt in meinem Verhältnis zum Lupus dar. Es war mir nicht bewusst, aber ich fühlte, dass etwas Endgültiges geschehen war. Etwas, das man nie mehr zurückverwandeln konnte, um daraus etwas Positives zu machen. Gleichwohl versuchte ich es, indem ich mich tröstete, dass Mama nun immer zu Hause war.

Ich hörte sie sagen, dass sie nichts weniger als ein »Hausmütterchen« sein wollte.

Ich bin wie du

Mit dem Fall der Berliner Mauer kam die von so vielen Menschen ersehnte sprichwörtliche »Wende«, mein Vater verlor seine Arbeit, kämpfte um neue und fand nach verschiedenen Zwischenstationen schließlich eine Stelle als Hausverwalter. 1991 war nicht nur das Jahr meiner Jugendweihe, sondern auch meine erste Berührung mit der Arbeitswelt. Ich war jetzt in der achten Klasse und ein 14-tägiges Berufspraktikum in einem Betrieb stand an. Ich wollte es bei einer Zeitung machen, weil ich gern las und mich die Möglichkeiten und die Macht dieses Mediums faszinierten. Mein Praktikumswunsch hing, so kurz nach der Wende, vielleicht auch mit einem gewissen Nachholbedürfnis auf dem Gebiet der Informationsfreiheit zusammen.

Ich berichtete meinem Vater von meiner Idee und er sagte: »Ich habe da einen Bekannten; der Uli arbeitet bei der Märkischen Allgemeinen Zeitung, geh doch da hin und frag mal.« Die Journalisten staunten nicht schlecht: Ich war zwar ihre erste Schulpraktikantin, aber sie nahmen mich dennoch.

Zu diesem Zeitpunkt war ich ein stilles Mädchen, das sich schon frühmorgens an seinen Schreibtisch setzte, um zu zeichnen. Die maßstabgetreu gelungene Übertragung des Bildes einer Gruppe von Dinosauriern war die Initialzündung gewesen, dann nahm ich mir Porträts von Stars vor, die ich in Zeitschriften gefunden hatte und versuchte mich daran, zum Beispiel meinen Opa zu zeichnen. In der Schule hielt ich mich von den üblichen Pausen-Cliquen fern, da ich überhaupt keine Lust hatte, mich ihren Regeln unterzuordnen. »Wenn die was von mir wollen, werden sie schon kommen«, war meine Einstellung. Ich hatte meine drei, vier besten Freundinnen, das reichte mir völlig.

Das Zeitungspraktikum stellte jedoch andere Anforderungen an mich. Plötzlich hieß es: »Kerstin, sprich doch mal mit dem Leiter des Schwimmbades, frag, wann die Öffnungszeiten sind und wie es um die Besucherzahlen steht.« Oder: »Kerstin, schreib doch mal was über die Umbauarbeiten im Jugendclub.« Ich schwang mich auf mein Fahrrad und war gezwungen, auf wildfremde Menschen zuzugehen. Das kostete mich eine unglaubliche Überwindung ... Aber es funktionierte, meine kleinen Artikel erschienen.

Als die Jugendweihe anstand, überlegten meine engste Freundin Anka und ich, was wir uns wünschen sollten und eine von uns beiden hatte die zündende Idee: »Eine Reise nach England!«

»Eine Sprachreise, Papa!«, sagte ich.

Dem Wunsch nach Bildung konnten meine Eltern sich nicht verweigern und schließlich fuhr ich nicht allein, sondern nahm drei Freundinnen mit.

Wir verbrachten drei Wochen Sommerferien auf der Isle of Thanet, einer Halbinsel im äußersten Südosten Großbritanniens. In der Gesellschaft meiner drei Freundinnen konnten meine Englisch-Kenntnisse zwar keine wahren Fortschritte machen, aber die freundliche Aufnahme durch meine Gastmutter Janet und ihre Tochter Karina tat meinem Selbstbewusstsein gut.

Daheim entwickelte ich gemeinsam mit Anka meine

Leidenschaft fürs Zeichnen und Malen weiter. Damals glaubte ich, ich wäre schon fast eine Künstlerin – mit dem Abstand der Jahre würde ich eher von einer leichten Manie sprechen. Und ich hielt den Kontakt zu unserer Lokalzeitung, für die ich weiterhin schrieb.

So verstrich auch das Jahr 1992, 1993 kam und ich besuchte diesmal im Sommer erstmals allein meine englische Gastfamilie. Mit der zehnten Klasse wechselte ich auf das Perleberger Gottfried-Arnold-Gymnasium, das in einem Plattenbau untergebracht war, der früher zur Perleberger Kaserne gehört hatte. Der Schulweg war nun weiter; ich war auf mein Fahrrad angewiesen.

Hin und wieder erschienen auf der Aufmacherseite des Lokalteils der Märkischen Allgemeinen Zeitung Kommentare mit meinem Namen; sie waren oftmals frech und etwas zynisch. Ich suchte die Konfrontation, wenn beispielsweise ein Naturschutzgebiet einer Kiesgrube weichen oder der Jugendtreff ausgerechnet während der Schulferien geschlossen bleiben sollte. Jetzt geschah, worauf ich insgeheim gewartet hatte: Meine Klassenkameraden kamen zu mir. »Du bist ja ganz anders, als wir gedacht haben«, sagten sie.

Dann wandte sich eines Tages einer der Redakteure an mich: »Auf den Dörfern im Landkreis Perleberg gibt es keine Jugendtreffs. Deshalb will das Jugendamt einen Rollenden Jugendtreff einsetzen. Kerstin, frage doch mal im Jugendamt nach, was sie vorhaben.«

Dort schlug mir der Verantwortliche kurzerhand vor: »Du kannst bei der ersten Fahrt mitkommen und dir das angucken.« Der Rollende Jugendtreff war ein alter, umgebauter Ikarus-Bus aus DDR-Zeiten, in den Bänke und Tische eingebaut worden waren, an einem Tresen wurden Getränke ausgeschenkt.

Von diesem Tag an waren meine Tage komplett ausgefüllt. Nach der Schule schrieb ich für die Zeitung, von 18 bis 22 Uhr war ich mit dem Rollenden Jugendtreff unterwegs, meine Schulaufgaben erledigte ich morgens gegen sechs zwischen Tür und Angel. Oftmals reichte mir eine halbe Stunde für die Matheaufgaben, auf den Knien, mit dem Buch auf dem Bett. Was in der Schule unterrichtet wurde, lernte ich mit Leichtigkeit, da ich Wissen schon damals am besten über den Vortrag und Schautafeln aufnehmen konnte. Der Stress, dem ich mich aussetzte, schadete meinen Zensuren keineswegs; nach wie vor war es normal, dass ich Einsen schrieb. Dann wurde ich gefragt, ob ich bei der Schülerzeitung mitmachen wollte. Ich griff auch dieses Angebot auf, ließ es jedoch rasch sein, weil ich durch die Arbeit bei der Märkischen Allgemeinen etwas ausgereiftere Vorstellungen vom Schreiben hatte.

Stattdessen brachte ich eine Anregung in die Redaktion mit: »Können wir nicht eine Jugendseite machen?« Das Konzept, das ich mit einer Freundin austüftelte, stand rasch: Tipps, Meinungsumfragen, Jugendparlament. Und ich organisierte das alles. Plötzlich wusste ich, was ich nach dem Abitur machen wollte – Journalismus. Natürlich im größeren Stil: Auslandskorrespondentin wollte ich werden.

Dass sich etwas in mir veränderte, bemerkte ich anfangs nicht. Der Lenker meines Fahrrades hatte sich verschoben und mich auf meinen zahlreichen Fahrten durch Perleberg in eine leicht verkrampfte Haltung gezwungen. Die Schmerzen in meinen Fingern und meinen Handgelenken führte ich darauf zurück. Doch mir fiel auf, dass ich mich schon seit einigen Wochen nachmittags ungewöhnlich matt fühlte und mich zu einem Nickerchen hinlegen musste. Auch meine Schulleistungen waren in diesem Herbst nicht mehr so, wie ich sie von mir gewohnt war. Was allerdings niemanden beunruhigte: In Klassenarbeiten schrieb ich nun Zweien statt Einsen.

Als Erstes brachte ich den Fahrradlenker in Ordnung und ignorierte den Rest – es gab ja auch genügend zu tun. Aber die Schmerzen in Fingern und Handgelenken blieben. Da ich nicht wollte, dass sich vielleicht etwas Bleibendes einschlich, ging ich zu unserem Hausarzt. Dr. Lengen untersuchte mich gründlich, aber er fand nichts. Die Schmerzen in meinen Händen ließen jedoch nicht nach und ich suchte den Hausarzt erneut auf. Dieses Mal veranlasste er die Einweisung ins Perleberger Kreiskrankenhaus zur näheren Untersuchung der Ursache.

»Mama, ich muss ins Krankenhaus«, sagte ich. Ich klang gewiss nicht alarmiert, denn ich fand das zwar schlimm, aber ich war auch neugierig auf das, was auf mich zukommen würde. Gleichzeitig hatte ich ein Gefühl, das man hat, wenn man als Kind eine blutende Wunde stolz den anderen Kindern zeigt und in dem Moment alle Aufmerksamkeit auf sich zieht. Es war gleichermaßen eine Mischung aus Ekel und Faszination.

In der Schule, in der ich nun eine Woche lang fehlen würde, genoss ich für einen Augenblick die Aufmerksamkeit meiner Mitschüler: »Oh, du Arme musst ins Krankenhaus.«

Dort schätzte man meinen Zustand völlig undramatisch ein. Der Ärzte-Trupp, der morgens zur Visite kam, begutachtete meine schmerzenden Finger, drückte ein wenig daran herum und dann wurde mir mitgeteilt: »Du hast kein Rheuma. Für Rheuma müssen vier von elf Kriterien erfüllt sein. Und du klagst ja nur über Schmerzen in den Händen.«

Ich blieb ratlos zurück. Was hieß: vier von elf Kriterien? Und wieso Rheuma? Weder Dr. Lengen noch ich selbst hatten behauptet, dass ich Rheuma hätte.

Eine ältere Mitpatientin nannte die morgendliche Visite salopp »die Weiße Wolke«. Instinktiv übernahm ich diesen Ausdruck: Wolken schweben über allem und kennen keinen menschlichen Schmerz. Aber das war ein dünner Selbstschutz, denn ich fühlte mich missverstanden. Man vermittelte mir den Eindruck, eine Simulantin zu sein, die sich vor dem Schulbesuch drücken wollte. Mir wurde zwar Blut abgenommen, aber Erklärungen bekam ich keine. Bloß die knappe Mitteilung, dass mein Blut nach Schwerin geschickt und dort in einem Labor analysiert werden würde.

Mama gegenüber brach ich meine Frustration auf eine einfache Formel herunter: »Die sind doch alle blöd.«

Die eine Woche Aufenthalt dehnte sich zäh, und ich stand oft am Fenster und blickte sehnsüchtig nach draußen. Jenseits des kleinen Parks, der das Krankenhaus umgab, konnte ich unser Wohnhaus sehen, aber der kleine Zaun war eine unsichtbare Grenze, die ich nicht zu überschreiten wagte. Der Ikarus-Bus des Jugendamts war wieder unterwegs und fuhr am Krankenhaus vorbei. Ohne mich.

Als ich endlich gehen durfte, dachte ich, dass ich mir diese Woche, deren einziger Höhepunkt die leckere Möhrensuppe der Krankenhausküche gewesen war, wirklich hätte sparen können.

»Melde dich in acht Tagen bei deinem Hausarzt«, gab mir die »Weiße Wolke« zur Entlassung mit auf den Weg.

Der 2. Dezember 1993 bleibt mir unvergesslich. Aber erst später fiel mir auf, dass stets Weihnachten vor der Tür stand, wenn sich in meinem Leben größere Veränderungen abzeichneten.

Ich betrat Dr. Lengens Hausarztpraxis. Der Arzt wirkte klein hinter seinem Schreibtisch, als drückten ihn unsichtbare Lasten tief in seinen Stuhl. Ich war ohne Mama gekommen. Wozu hätte ich sie mitbringen sollen? Ich war so selbstständig, dass ich sie nicht brauchte.

Als ich den Blick des Hausarztes auf mir ruhen fühlte, verspürte ich keine Angst, sondern hatte das Gefühl einer undeutlichen Erwartung. Ich brauchte nur noch die Bestätigung dessen, was ich weniger mit meinem Verstand als mit meinem Herzen wusste. Es bedurfte auch gar nicht Dr. Lengens weitschweifiger Einleitung, mit der er das Ergebnis des Bluttests erklärte, und die mit Fachbegriffen wie ENA, ANA und Antikörper gespickt war.

Denn schließlich mündete alles in einem Satz: »Kerstin, du hast mit 99,9-prozentiger Sicherheit Lupus.«

Was macht man in so einer Situation? Soll man in Tränen ausbrechen? Was soll man sagen?

»Damit kann man auch alt werden«, meinte Dr. Lengen.

Ob er wusste, dass man das unter Umständen nicht kann? Ich glaube nicht, dass er um die mögliche Tragweite dieser Diagnose wusste. Für mich, die 16-Jährige, hieß Lupus, dass man Gelenkschmerzen bekommen konnte. Die kannte ich inzwischen aus eigenem Erleben. Oder Nierenprobleme wie Mama, die einem das Leben vergällen konnten.

Ich lief nach Hause und sagte: »Mama, jetzt bin ich genauso wie du. Ich habe auch den Lupus.«

Mama blickte mich erschrocken an. »Jetzt ist es das doch. Das habe ich befürchtet«, sagte sie schließlich.

Dann erzählte sie, was ich vergessen oder nicht mitbekommen hatte, weil ich zu klein gewesen war: Schon zwei Jahre nach meiner Geburt konnte Mama nicht mehr den Zeigefinger der rechten Hand bewegen. Daraufhin wurde ein Rheumatest gemacht, der negativ verlief. Die Bewegungseinschränkung des Fingers blieb, wir alle gewöhnten uns mit Mama daran. Fünf Jahre später hatte der Schmerz in den Schultern und dann im Knie begonnen. Mama sagte mir nun, dass sie zunächst geglaubt hatte, falsch gelegen oder sich verhoben zu haben. Ihr damaliger Arzt hatte ein entzündungshemmendes Medikament verschrieben, das auch die Schmerzen stillte. In unregelmäßigen Abständen waren dann Schmerzen in den Händen dazugekommen, gegen die der Arzt Cortison verordnete. Ein richtiger Gesundheits-Check hatte jedoch nie stattgefunden, niemand ging anfangs der Ursache auf den Grund. Als in Mamas Gesicht die roten Stellen erschienen waren, mit denen ich sie kannte, hatte eine Hautärztin lediglich eine Andeutung gemacht: »Es kann sein, dass Ihr Problem tiefer liegt, Frau Elstner.«

Dr. Lengen kannte diese jahrelange Krankengeschichte meiner Mutter auswendig. Darum hatte er mich zwei Wochen zuvor eingewiesen, was ein anderer Arzt wohl nicht getan hätte, denn so schlimm waren meine Schmerzen nicht. Er hatte vermutlich schon damals einen ganz konkreten Verdacht.

Denn da war noch etwas, wie ich nun von meiner Mutter erfuhr.

»Als man festgestellt hatte, dass ich den Lupus habe, da war meine erste Befürchtung gewesen, ich könnte diese Krankheit an meine Kinder vererbt haben«, sagte sie. »Aber die Ärzte haben das in den Wind geschlagen, Kerstin. Sie sagten mir, Lupus wäre keine Erbkrankheit. Aber all ihre Beteuerungen haben meine Befürchtungen nie zerstreut.«

Wenn ich heute alte Fotos meiner Mutter ansehe, dann fällt mir die Ähnlichkeit zwischen uns auf. Und ich denke darüber nach, was sie gefühlt haben mochte, als sie ihre 16-jährige Tochter mit Symptomen erlebte, die sie aus ihrer Vergangenheit kannte.

Ob sie das Gefühl hatte, in einen Spiegel zu blicken? Sie ließ es mich zumindest nicht spüren.

Am Abend holte ich mein Tagebuch hervor und schrieb hinein:

Donnerstag, 2. 12. 1993

Jetzt ist es also soweit und sicher. Ich bin krank. Ich habe eine schreckliche und unheilbare Gelenkkrankheit. Als Dr. Lengen mir die Diagnose sagte, kam es mir so vor, als ob ich neben meinem Körper stehe, als ob das alles an mir vorbeigeht und ich nicht betroffen bin. Ich habe es nicht begriffen.

Kein Mensch wusste mit der Krankheit etwas anzufangen. Die Reaktion erschöpfte sich zumeist in einem hilflosen: »Ach, du Arme!« Hätte ich gesagt: »Ich habe Schuppenflechte«, hätte ich die gleiche Anteilnahme erzielt. Ich musste keine Medikamente nehmen, mein Leben ging weiter wie zuvor. Ich recherchierte und gestaltete weiterhin meine Jugendseite in der Märkischen Allgemeinen Zeitung, fuhr mit dem Rollenden Jugendtreff über Land und ging in die Schule.

Meine Hände schmerzten nach wie vor und ich überlegte, was ich tun sollte, falls das nun schlimmer werden würde. Wie sollte ich da in der Schule mithalten? Zu jener Zeit kamen Laptops in Mode und ich dachte mir, wenn alle Stricke reißen, dann organisiere ich mir solch ein Ding. Zumal ich ja Journalistin werden wollte; da gehörte professionelles Schreibwerkzeug irgendwann ohnehin zur Grundausstattung. Vielleicht könnte mir der Lupus sogar etwas nützen, mir zu einem Laptop verhelfen …

Vielleicht, weil mir das Beispiel meiner Mutter gezeigt hatte, dass es nichts half, wenn man Unabänderliches beklagte, bemühte ich mich von Anfang an um einen pragmatischen Umgang mit dem Wolf. Instinktiv spürte ich schon in dieser frühen Phase, dass ich ganz allein mit ihm zurechtkommen musste. Meiner Mutter erging es schließlich nicht anders: Sie hatte alle ihre Medikamente abgesetzt und sich mit ihrem Leben als Frühverrentete nahezu abgefunden, ging viel mit unserem neuen Hund Prinz spazieren. Gelegentlich erwähnte sie allenfalls, dass es unmöglich war, in der Prignitz auch nur einen kleinen Aushilfsjob zu bekommen, der Abwechslung in die Eintönigkeit ihrer Tage bringen würde. Denn mein Vater wurde von seiner Arbeit mit Beschlag belegt, mein Bruder machte eine Lehre, und ich war mit meinen 16 Jahren weitgehend selbstständig.

Obwohl ich mich bemühte, den Wolf innerlich so weit als möglich auf Distanz zu halten, merkte ich, dass meine Kraft dazu nicht reichte. Ich begann mich abzugrenzen gegen andere, machte zynische oder spitze Bemerkungen, um zu zeigen, dass ich geistig voll auf der Höhe war. Zum Ringen um meine psychische Stabilität kamen dann körperliche Beschwerden, die mich nervten und die ich mir nicht anmerken lassen wollte; ich wollte stark sein. Die quälenden Schmerzen in den Händen wurden nun noch von einer Mandelentzündung begleitet. Dennoch besuchte ich die Schule.

Und ich musste zu einem Rheumatologen nach Schwerin. Von diesem Besuch, zu dem meine Mutter mich begleitete, ist mir vor allem erinnerlich, dass der Doktor in einer Art Keller praktizierte. Das erschien mir, weil ich das hoch technisierte Klinikum Schwerin kannte, seltsam. »Das ist nur arthritisches Rheuma«, konstatierte der Keller-Arzt. »Mit ein paar Spritzen kriegen wir das weg.« An diesem Tag gab es keine Spritzen, weil die sich nicht mit meiner Angina vertrugen. Also fuhren Mama und ich heim.

Weihnachten verbrachte ich mit Angina, ebenso Silvester. Die Familie und die Freunde waren um mich herum.

Sonnabend, 1. 1. 1994
Heute ist der erste Tag des Jahres 1994. Es ist seltsam, aber mir ist überhaupt nicht nach Neujahr. Alles ging so schnell, die Zeit vergeht wie im Flug. 1993 war voller Ereignisse. Voll Freude und Glück und auch voll von Schmerz und Leid. Ich habe viel über mich selbst gelernt und ich war auch entsetzt über einige Entdeckungen – dass ich so voller Neid und Hass sein kann. Ich habe ein Talent, alle Leute zu vergraulen. Vielleicht rede ich mir das auch nur ein, aber manchmal glaube ich, dass ich nicht geliebt werden will, dass ich mich mit Absicht so abstoßend verhalte. Aber insgeheim hoffe ich, dass die Menschen mich mögen. Ich lache, ich scherze, ich bin bissig und zynisch, lustig und bitterböse ironisch, obwohl ich im Innern ganz anders denke. Ich weiß nicht, wie ich das beschreiben soll. Aber ich bin innerlich so tieftraurig

Alle denken, ich sei zu kompliziert. Das bin ich nicht. Ich weiß nicht, wer ich bin. Es ist, als ob ich immer als Außenstehender daneben stehe, oder in der Gegend herumfliege, wie in Träumen, in denen man sich selber zuschaut.

Es ist, als ob mehrere Personen in mir leben, und alle wollen etwas sagen, etwas zu sagen haben. Die eine ist sensibel, weinerlich und leicht verletzbar, die zweite ist selbstbewusst und weiß ganz genau, was sie will, die dritte ist eine Künstlerin und Träumerin – ich glaube, sie ist mir die sympathischste. Ich versuche alle drei zu vereinen und darum bekriegen sie sich. Ich bin noch ein Kind, noch lange nicht erwachsen und vernünftig, ich will auch nie erwachsen und vernünftig sein. Es ist so schön, zu machen was man will, ohne Verpflichtungen und ohne Verantwortung.

Zurzeit fühle ich mich miserabel. Meine Hände tun so entsetzlich weh.

Den ganzen Januar verbrachte ich mit Schmerzen und ging dennoch in die Schule und auch die zweite Ausgabe der Jugendseite in der Märkischen Allgemeinen konnte ich verwirklichen. Allerdings stellte ich fest, dass die Lymphknoten in meinem Nacken allmählich anschwollen. Als ich das nicht länger ignorieren konnte, suchte ich Dr. Lengen auf. Seine Reaktion wirkte auf mich nicht besonders alarmierend, denn ich kehrte mit der Überzeugung nach Hause zurück, dass alles wieder vergehen würde – mein Grundvertrauen in die Ärzte war noch nicht erschüttert. Aber meine Schwäche zwang mich nun zum regelmäßigen Mittagsschlaf. Wenigstens eine gute Sache fand ich: Mein Bruder Heiko erlaubte mir endlich, dass ich gelegentlich seine neue Stereoanlage benutzen durfte, was er mir zuvor immer streng verboten hatte. Ich hörte damals gerne Stücke von Bach und Beethoven, konnte allerdings nicht sagen, wie sie hießen. Die Musik tat mir einfach nur gut.

Der letzte Tag vor den Winterferien, die im Januar begannen, war ein ganz normaler Tag: Nach der Schule legte ich mich wie üblich ins Bett. Als ich abends aufwachte, hatte ich Fieber. Dr. Lengen verschrieb ein Antibiotikum und es schien zu helfen. Als meine Freundin Winni anrief, machte ich schon wieder Verabredungen für die anstehenden freien Tage. Das war voreilig: Das Fieber stieg überraschend erneut an. Dr. Lengen gab mir eine Penicillinspritze, aber die half nicht.

Nachts rief meine Mutter den Notarzt, denn sie war in großer Sorge um mich. Seit zwei Wochen hatte ich kaum noch etwas gegessen und war ziemlich entkräftet.

Da meine Mutter aus eigenem Erleben wusste, wie wichtig es für einen behandelnden Arzt ist, die Krankengeschichte einer Patientin zu kennen, sagte sie zu dem Notarzt: »Kerstin hat Lupus.«

»Sie wissen doch gar nicht, wovon Sie reden!«, wies der

Doktor sie barsch in ihre Schranken. Und verpasste mir noch eine Penicillinspritze, um sich dann zu verabschieden.

Kurz darauf erbrach ich einen merkwürdigen weißen Kloß. Nun wies mich Dr. Lengen ins Perleberger Kreiskrankenhaus ein.

Unsere Wohnung lag im vierten Stock und ich war zu schwach, um die Treppen hinabgehen zu können. Kurzerhand nahm mein Vater mich huckepack und trug mich all die vielen Stufen hinunter. Fünf Wochen später sollte mein 17. Geburtstag sein – und ich wurde von Papa getragen …

Ich konnte mich nicht erinnern, wann er mich das letzte Mal huckepack genommen hatte. Das war ein vertrautes Gefühl, eine merkwürdige Mischung aus kindlicher Neugier und Abenteuerlust.

Motorrad im Kopf

Ein Pfleger hob mich aus dem Citroën meines Vaters und trug mich ins Perleberger Krankenhaus hinein. Dort schloss die Stationsärztin aufgrund des seltsamen weißen Kloßes, den ich zu Hause erbrochen hatte, auf einen Pilz. Meine Zunge jedoch war erdbeerrot. »Scharlach?«, mutmaßte sie. Mein offensichtliches Untergewicht ließ sie zu einer Sofortmaßnahme greifen: »Wir müssen Sie an den Tropf legen!«

Nie zuvor hatte ich einen Tropf bekommen, und ich wehrte mich mit Händen und Füßen, so dass der Pfleger mich festhalten musste. Am ersten Morgen begleitete mich eine Schwester ins Bad, um mich zu waschen. Mir war das peinlich und unangenehm; ich fühlte mich nicht so gebrechlich, dass ich meine Morgentoilette nicht mehr allein hinbekommen hätte.

Drei oder vier Tage lang hatte ich den Eindruck, dass sich mein Zustand nicht verschlechterte, auch wenn es mir schwer fiel, etwas zu essen. Vor allem aber begann mich der Straßenlärm zu stören; ich lag in einem Zweibettzimmer im ersten Obergeschoss zur Straßenseite.

»Bitte, würden Sie mich in ein ruhigeres Zimmer verlegen?«, bat ich.

Meinem Wunsch wurde noch am selben Tag entsprochen. Ich kam in ein Dreibettzimmer, das ich für mich allein hatte. Es ging zur Hofseite hinaus.

Draußen war ein Motorradfahrer unterwegs, immer wieder kam er vorbei. Er schien den ganzen Tag nichts anderes zu tun, als seine Runden direkt unter meinem Fenster zu drehen. Das Geräusch wurde lauter, der Krachmacher kam näher. Dann schwoll das Geräusch ab und er entfernte sich. Ich hatte die Hoffnung, dass er nicht wiederkäme. Aber dem war nicht so. Ich steckte die Finger in die Ohren und zu meinem gleichzeitigen Erstaunen und Entsetzen verschwand das Geräusch nicht, sondern blieb in der gleichen Intensität erhalten. Ich hörte Musik, aber in meinem Zimmer liefen weder Radio noch Kassette. Dann klappte eine Tür, ich drehte mich um. Niemand war in den Raum gekommen.

Zu einem Arzt sagte ich: »Ich höre seltsame Geräusche, aber da ist niemand, der diese Geräusche macht.«

Der Mann im weißen Kittel blickte auf mich herab. »Nun ja,« sagte er in vollem Ernst, »solange Sie noch wissen, dass diese Geräusche nicht real sind, sind Sie nicht verrückt.«

Diese Auskunft war mir kein großer Trost.

Ich hatte jetzt seit mehr als zwei Wochen nicht mehr richtig gegessen, eigentlich überhaupt nichts. Eine Krankenschwester gestand mir nach einigen Tagen zu: »Frau Elstner, Sie müssen sich nicht an den Essensplan halten. Schreiben Sie ruhig auf, was Sie gerne essen würden und wir kümmern uns darum.«

Ein Wunschessen – das klang nach einem guten Angebot.

Aber da war etwas ganz tief in meiner Erinnerung, das mich stutzig machte. Meine Mutter hatte mir einmal erzählt: »Die Frau, die mit mir im Zimmer liegt, wird sterben. Deshalb kann sie sich ihr Wunschessen bestellen.«

Sollte das heißen …? Nein, der Gedanke war ja absurd …

Das Abendessen wurde in diesem Krankenhaus recht früh serviert. Es war noch hell draußen, als ich mich in meinem Krankenzimmer an einen Tisch setzte und das Messer zur Hand nahm. Ich freute mich auf das Essen. Jetzt geht es wieder bergauf, dachte ich. Ich wollte gerade mein Brot schmieren, als ich ein merkwürdiges Gefühl in der Hand spürte.

Ich schaute sie an, sie gehorchte mir nicht. Ich dachte noch: Ist das ein Krampf?

Als ich wieder zu mir kam, hörte ich mich sagen: »Ich will nicht mehr.«

Irgendetwas stimmte hier nicht. Ich sollte nicht auf dem Boden liegen. Mir war schlecht und um mich herum hatte sich eine Blutlache gebildet. Auch mein weißer Bademantel war mit Blut beschmiert. War das etwa alles mein eigenes Blut?

Draußen war es dunkel geworden. Wie lange lag ich schon so? Ich versuchte mich zu erinnern. Ich war im Krankenhaus, hatte mich zum Abendbrot gesetzt und dann …

Ich klingelte eine Schwester herbei. Das Entsetzen war groß. Man nähte meine aufgebissene Oberlippe. Dann wurde ich in mein Zimmer zurückgebracht. In der folgenden Nacht spürte ich den sich aufbauenden Krampf rechtzeitig und rief eine Krankenschwester.

Doch was war eigentlich los? Niemand erklärte mir etwas und ich wusste nicht, was mit mir geschah. Man schickte mich zu einem Neurologen. Der wirkte ratlos, denn ich bekam wieder keine Antworten. Man schob mich in die Röhre eines Kernspintomographen, um mit modernster Technik herauszufinden, was ich hatte.

Danach bekam ich immer noch keine Antwort.

Nun wurde ich ins Erdgeschoss in ein voll besetztes Dreibettzimmer verlegt, damit man mich besser im Auge behalten konnte, falls ich wieder solch einen Unsinn machen würde.

Dass ich epileptische Anfälle gehabt hatte, erfuhr ich auch hier nicht.

Mutter besuchte mich und brachte frische Kleidung mit. Nach einer Weile stellte sie fest, dass eine Schwester dabei war, meine Sachen in den Schrank einer anderen, gerade eingelieferten Patientin zu räumen.

»So geht das aber nicht«, sagte meine Mutter empört.

Zudem schienen die beiden Frauen, mit denen ich nun zusammen lag, sehr krank zu sein. Mutter wandte sich an die Stationsschwester: »Sie erklären mir, dass meine Tochter ein miserables Blutbild hat und kaum noch Abwehrkräfte besitzt und legen Kerstin mit Patientinnen zusammen in ein Zimmer, die sie mit wer-weiß-was anstecken können?«

Mir war die Ernsthaftigkeit meiner Lage noch nicht bewusst. Keine Sekunde lang dachte ich daran, dass ich dieses Krankenhaus vielleicht nicht mehr lebend verlassen würde.

Ich versuchte Witze zu machen: »Jetzt muss ich wieder flüssige Nahrung zu mir nehmen. Dabei hatte ich mich so gefreut, dass ich endlich wieder in ein Brot beißen konnte.«

Man konnte mich kaum verstehen; meine Lippe war noch geschwollen. Ich selbst konnte nicht wirklich hören, was ich sagte; ich formulierte die Worte auf gut Glück. Die Geräusche »von draußen«, der Motorradfahrer und die Musik, waren lauter als meine eigene Stimme.

Mittlerweile genoss ich die ungeteilte Aufmerksamkeit all meiner Freunde, die sich zunehmend Sorgen um mich machten. Die Gesichter von Anka und Winni waren voller Teilnahme. Sie trauten sich kaum noch etwas zu sagen. Schon seit vier Wochen ging es mir zunehmend schlechter – erst zwei Wochen daheim, dann zwei Wochen im Perleberger Krankenhaus – und niemand konnte ihnen sagen, wann ich wieder gesund würde. Geschweige denn, dass sie erfuhren, an was ich überhaupt litt.

Auch ich spürte die Ratlosigkeit der Ärzte deutlich. Sie fragten, wie es mir geht, gaben mir jedoch nach wie vor keine Antworten und erklärten mir noch nicht einmal, woraus der Tropf bestand, den ich gerade bekam. Die Überzeugung, die ich bei meiner Einlieferung gehabt hatte, dass man mir helfen und ich bald wieder gesund sein würde, schwand von Tag zu Tag.

Aber ich wollte nicht aufgeben, sagte mir, dass das vielleicht so sein musste. Dass ich einfach da durch musste, wozu auch immer.

Eines Morgens erklärte mir eine Ärztin, dass mein Blutbild so schlecht aussehe, dass man eine Bluttransfusion machen müsse. Erst später erfuhr ich, dass man mich auf Leukämie behandeln wollte.

Ich hatte mehr Angst vor einer Transfusion, als dass ich wirklich darüber nachdachte. »Nein, ich will keine Bluttransfusion!«

Es waren erst kurz zuvor Fälle bekannt geworden, bei denen Patienten Blutspenden erhalten hatten, die nicht auf HIV-Viren getestet worden waren; die Menschen erkrankten an Aids.

Am Abend besuchte mich meine Mutter. Die Ärzte baten nun sie um Zustimmung, dass ihre widerspenstige Tochter Fremdblut erhalten dürfte. Mama wusste, warum ich mich geweigert hatte.

»Nein,« sagte sie, »ich stimme keiner Behandlung zu, die meine Tochter nicht möchte.«

Ich war so stolz auf sie!

Nun ging alles plötzlich ganz schnell: Am nächsten Morgen wurde ich in einen Krankenwagen verfrachtet und nach Berlin gefahren. Man sagte mir, dass ich in die Charité gebracht würde.

Im Herzen der großen Stadt lag Schnee. Das blieb mir deutlich in Erinnerung, denn aus unerfindlichen Gründen badete Berlin in Weiß, wenn ich künftig »zu Besuch« kam ...

Man quartierte mich in der Rheumatologie ein, in einem Einzelzimmer, denn mein Zustand war wirklich bedrohlich. Ich wurde eingehend untersucht. »Wir müssen eine Lumbalpunktion machen«, sagte der Stationsarzt. »Das wird vielleicht etwas wehtun und ich kann Sie zuvor betäuben. Aber die Betäubung ist oft schmerzhafter als die eigentliche Punktion. Möchten Sie dennoch eine Betäubung?«, sagte er.

»Was ist eine Lumbalpunktion?«, fragte ich.

»Wir haben den Verdacht, dass Sie eine Entzündung im Gehirn haben. Das können wir jedoch nur abklären, indem wir Rückenmarkflüssigkeit entnehmen«, sagte er und gab gleichzeitig einer Schwester Anweisungen, sich an meinem Ohr zu schaffen zu machen.

Entzündung im Gehirn ... Ja, das würde einiges erklären, dachte ich. Denn mein Kopf funktionierte immer noch nicht richtig. Ich hatte schon wieder aus dem Nachbarzimmer ein Geigenkonzert gehört. »Nebenan ist nur das Treppenhaus. Da gibt es keine Musik«, hatte eine Schwester gesagt. Also hatte ich das in meinen Kopf eingebaute Tonband offensichtlich nach Berlin mitgebracht.

Während der Stationsarzt mein Rückenmark anzapfte und die Schwester mir erklärte, dass sie nun an meinem Ohr Blut abnähme, um den Blutzucker zu testen, dachte ich an den Tod. In der Schule hatten wir dieses Thema vor den Ferien gehabt. Wenn ich jetzt immer weiteratme, dann werde ich nicht sterben, dachte ich und spürte nur, wie die Schwester an meinem Ohr arbeitete.

»So, das war's schon«, sagte plötzlich der Stationsarzt.

»Was, schon fertig?«, fragte ich.

»Ja. Hätte das länger dauern sollen?« Er lachte und um seine Augen bildeten sich lauter kleine Fältchen. Ich blickte auf sein Namensschild: Dr. Wolbart.

Ich wurde auf mein Zimmer gebracht, wo ich versuchte, das angefangene Buch *Im Westen nichts Neues* weiterzulesen. Aber irgendwie brachte ich Fiktion und Realität hoffnungslos durcheinander. Ich war gerade an der Stelle, wo der Held im Lazarett liegt und seinem Freund ein Bein amputiert wird.

Jetzt schrie ich laut los: »Nein, nehmt mir nicht mein Bein weg!«

Die Ergebnisse der neuen Untersuchungen führten dazu, dass ich Cortison erhielt. Das kannte ich von Mama. Sie hatte davon furchtbar zugenommen und kämpfte seit Jahren vergeblich darum, ihr altes Gewicht zurückzubekommen.

»Ich muss aufpassen, dass ich nicht zu dick werde. Ich habe gerade so schön abgenommen«, witzelte ich.

Ein wenig Angst vor den Nebenwirkungen von Cortison hatte ich schon. Obwohl ich nur 49 Kilo wog ... Doch Dr. Wolbart kam und erklärte mir, dass es ohne Cortison nicht ginge: »Sie haben Entzündungen im Gehirn. Darum haben Sie ständig den Eindruck, irgendwelche Geräusche zu hören.«

Endlich ein Arzt, der sich auskannte! Der mir etwas erklärte! Dr. Wolbart, das spürte ich schon bei diesen ersten Begegnungen, war der Mensch, auf den ich insgeheim gewartet hatte – ein Arzt, der sich wirklich um seine Patienten bemühte.

»In Perleberg sollte ich eine Bluttransfusion bekommen. Wie denken Sie darüber?«, fragte ich Dr. Wolbart.

»Das wäre keine gute Idee«, sagte der Arzt entschieden. »Ihr Blut würde auf fremdes Blut mit einer heftigen Abwehrreaktion reagieren. Sie haben Glück gehabt, dass Sie dem nicht zugestimmt haben. Sie hätten es wahrscheinlich nicht überlebt.«

Ich hatte schlichtweg »Glück gehabt« und wusste nichts über die Zusammenhänge, nichts darüber, welche hoch komplizierten Vorgänge in meinem Körper abliefen. Besser gesagt: Was in meinem Blut geschah, dort nämlich, wo jene Krankheit ihren Ursprung hat, die man nach dem Wolf benennt.

Aus dem, was der Rheumatologe mir nun erklärte, konnte ich entnehmen, dass Lupus das Gegenteil von Aids ist. Aids ist eine Immunschwäche des Körpers – Viren treffen auf keinerlei Gegenwehr, die das Immunsystem des Körpers ansonsten gewissermaßen automatisch bereitstellt.

Bei Lupus hingegen wehren die im Blut für die Abwehr fremder »Eindringlinge« zuständigen Antikörper keine fremden Angreifer ab. Stattdessen mobilisieren sie Abwehrkräfte, die körpereigenes Gewebe zerstören. Salopp gesprochen führt der Körper gegen sich selbst Krieg. Jedes Organ kann das Ziel einer solchen Attacke werden; bei meiner Mutter waren es zuletzt die Nieren gewesen, bei mir waren es zu dieser Zeit das Gehirn und die Gelenke gleichzeitig.

Ein Lupus-Patient wird somit nicht durch äußere Einflüsse krank, sondern durch Prozesse, die vom eigenen Immunsystem ausgelöst werden.

Darin liegt die ganz besondere Heimtücke dieser Krankheit und gleichzeitig der Grund, weshalb so viele Ärzte ihren Patienten nicht nur nicht helfen können. Sie fügen ihnen – wenn alles schief geht – mit einer falschen Therapie furchtbaren Schaden zu. Solch einem Schicksal bin ich, wie Dr. Wolbart mir zu verstehen gab, durch reines »Glück« entkommen. Denn bei einer Bluttransfusion hätten die Antikörper meines Blutes einen »Vernichtungskampf« gegen das neue Blut begonnen, der nicht mehr zu stoppen gewesen wäre. Mehrfaches Organversagen wäre die Folge gewesen. Das hätte meinen Tod bedeutet.

»Und die Hände? Und meine Gelenkschmerzen?«, fragte ich. »Woher kommt all das?«

»Sie hatten einen schweren Krankheitsschub. Das bedeutet, dass an unterschiedlichen Organen gleichzeitig entzündliche Prozesse stattfinden«, sagte der Doktor.

Er hatte sich auf Rheumatologie spezialisiert, konnte die Symptome meiner Ausfallserscheinungen in einen Zusammenhang bringen. Im Perleberger Krankenhaus gab es – zumindest damals – niemanden, der sich mit der Wandlungsfähigkeit des Lupus auskannte.

»Mit der Stoßtherapie Cortison, die Sie jetzt bekommen, gehen die Entzündungen schnell weg«, versprach Dr. Wolbart. Das klang so beruhigend wie Mamas Alles-wird-gut. Es fehlte eigentlich nur noch, dass Dr. Wolbart mich in den Arm nahm.

Dennoch fühlte ich mich kurzzeitig an meine Kindheit erinnert, an meine Vorschulzeit: Ein Neurologe ließ mich Zahlen zu einer Anzahl von Gegenständen zuordnen und forderte mich auf, mir Bilder oder Worte zu merken. Das Ergebnis war beruhigend – in den Dateien auf der Festplatte meines Gehirns hatte sich kein Virus eingenistet.

Zunächst musste ich natürlich mein Gewicht steigern. »Was möchtest du essen?«, fragte die Schwester.

»Griesbrei!«, rief ich voll Vorfreude.

»Ich bestelle mal eine kleine Portion.«

»Eine große!«

Der Griesbrei kam; ich war enttäuscht: Das war keine große Portion. Ich stürzte mich voll Heißhunger darauf – und merkte schon nach wenigen Löffeln, wie ich pappsatt wurde. Mein Magen war durch die zurückliegende, unfreiwillige Hungerkur geschrumpft. Der Großteil des mit heißem Herzen ersehnten Griesbreis wurde wieder fort gebracht.

Aber es ging bergauf, mit meiner Gesundheit, den Blutwerten, meiner Zuversicht. Nach langen Wochen, die ich im Bett liegend verbracht hatte und erstarkt durch die Medizin, gierte mein geschwächter Körper nach Bewegung. Ich begann mit kleinen Schritten: Da sich damals noch Toiletten und Duschen nicht im Zimmer, sondern auf dem Flur befanden, versuchte ich diesen Weg allein. Und entdeckte bald das nahe Treppenhaus. Zunächst ging ich mal ein Stockwerk höher und schließlich bis in den vierten Stock. Es kostete mich viel Kraft, aber ich hatte den Ehrgeiz, meinem Körper zu beweisen, dass mein Wille stärker ist. Das Treppenhaus wurde mein Trainingsplatz. Trepp auf, trepp ab stieg ich, obwohl Dr. Wolbart gesagt hatte, dass ich mich noch keinen großen Anstrengungen aussetzen sollte. Ich tat es nicht nur der Fitness wegen, sondern auch, weil ich bei meiner Mutter gesehen hatte, dass Cortison sie hatte zunehmen lassen. Und das wollte ich unbedingt verhindern.

»Sie haben sich ganz gut erholt«, sagte Dr. Wolbart. »Es wird Zeit, dass Sie ein wenig Bewegung bekommen. Das Treppenhaus ist kein schlechter Ort, um den Kreislauf zu stärken.«

»Oh,« sagte ich, »ich war schon im vierten Stock.«

»Das hätten Sie nicht gedurft«, mahnte der Doktor streng. Aber ich spürte, dass er sich über meinen Lebenswillen insgeheim freute.

Ich wurde in ein Vierbettzimmer verlegt. Die Zimmernummer 13 nahm ich gelassen zur Kenntnis – ich bin nicht abergläubisch. Vielleicht hoffte ich auch, dass sie mir im Gegenteil Glück bringen würde. Ich war die Jüngste dort. Sie bemutterten »das Küken« und lehrten es ein paar Regeln. Da alle wussten, dass ich zu meinem 17. Geburtstag wieder »draußen« sein wollte, prägte ich mir Regel Nummer eins besonders gründlich ein: »Wenn du hier raus willst, müssen nicht nur deine Blutwerte gut sein. Du musst auch eine gute Ausstrahlung haben. Die Ärzte müssen merken, dass es dir gut geht.«

Das war lieb gemeint, aber nicht so einfach umzusetzen, wenn man wie ich nicht gerade mit einem Übermaß an Geduld gesegnet ist!

Dann kam jener denkwürdige Tag, an dem einer der Ärzte während der Visite mein Krankenblatt ansah und sagte: »Abitur wollen Sie machen, Fräulein Elstner? Ich glaube, den Gedanken sollten Sie sich aus dem Kopf schlagen. Mit dem Lupus werden Sie das nicht schaffen.«

Der Halbgott in Weiß entschwand inmitten seiner Weißen Wolke. Ich dachte darüber nach, was ich in den letzten Monaten alles mitgemacht hatte. Mit meiner Mandelentzündung hatte ich mich der Schule, der Zeitung, dem Jugendtreff und meinen Freundinnen gewidmet. Gut, ich hatte die Ursache nicht gekannt, aber ich hatte alles gepackt, was ich erledigen wollte. Mittlerweile fehlten mir einige Wochen Schulunterricht, aber ich hatte gute Freundinnen, die für mich mitschrieben, auf die ich zählen konnte, dass sie mir helfen, das Versäumte nachzuholen. Und ich kannte mich selbst: Schon als Mama ausgefallen war, hatte ich mir angewöhnt, meine Leistungen so zu steigern, dass kurze Tage lang sein konnten.

Ich wollte mir nicht vorstellen, dass der Arzt Recht haben könnte und außerdem war ich bereit, es allen zu zeigen. Wenn jemand zu mir sagte, du musst, dann habe ich immer das Gegenteil zu beweisen versucht.

Ich kam viel herum in dem großen Krankenhaus, weil ich in verschiedenen Abteilungen Untersuchungen über mich ergehen lassen musste. Die Charité gehört zur Berliner Humboldt-Universität und bildet als Lehrkrankenhaus angehende Mediziner aus.

Eines Tages lernte ich eine junge Frau kennen, die Medizin studierte. »Ich habe auch Lupus. Sie werden lernen, mit dem Lupus zu leben«, sagte sie. »Das ist auch eine Frage der Einstellung.«

Diese Studentin war die letzte Bestätigung, die ich brauchte. Das Leben geht weiter. Wenn man nur will, kann man alles erreichen. Und ich wollte!

Die anderen aus meinem Zimmer trafen sich in einem Aufenthaltsraum, um Scrabble zu spielen. Natürlich war ich dabei, genoss die Geselligkeit und die Herausforderung, mein Gehirn wieder zu gebrauchen. Zug um Zug gewährte ich mir mehr Freiheiten, als Dr. Wolbart gestattet hatte und beruhigte mich damit, dass ich auf die Signale meines Körpers selbst zu lauschen im Stande war. Er war das Maß, an dem ich meine kleinen Freiheiten ausrichtete. Der Wunsch, meinen Geburtstag wieder zu Hause feiern zu dürfen, ging allerdings nicht in Erfüllung. Aber eine Freundin kam zu mir nach Berlin und brachte eine große Geburtstagskarte, auf der alle unterschrieben hatten. Wie gern wäre ich wieder in die Schule gegangen …

Der Weg hinein in die dunklen Wälder einer Krankheit ist lang; der Rückweg erscheint noch viel länger! Was schon allein an meiner Gewichtszunahme abzulesen war: Elf Kilo hatte ich abgenommen, aber nur sechs zurückgewonnen. Ich durfte nicht unzufrieden sein: Bei meiner Größe waren 55 Kilo ein Idealgewicht.

Endlich teilte mir Dr. Wolbart mit, worauf ich so lange gewartet hatte: »Sie dürfen gehen, Fräulein Elstner. Aber Sie müssen sich in regelmäßigen Abständen auf der Rheuma-Ambulanz einfinden.«

Er gab mir eine Menge »Reiseproviant« für den Rückweg mit – Medizin, die ich regelmäßig einzunehmen hatte – und deren Wirkung regelmäßig anhand eines Blutbildes überprüft werden musste. Außerdem schrieb er mich noch für zwei Wochen krank.

Dann reichte er mir die Hand: »Und rufen Sie mich an, wenn Sie wieder Musik hören!« Er meinte nicht Bach und Beethoven.

Ich hielt seine Bemerkung für einen Witz.

Kampfansage

Der Frühling kam spät in jenem Jahr. Und dafür war ich sehr dankbar. Nach der Sterilität eines Krankenhauses mit seinen Gerüchen nach Desinfektionsmitteln, dem Neonlicht und den weißen Kitteln der Ärzte sehnte ich mich nach Sonne, Wärme und dem Duft erwachenden Lebens. Jedes Blättchen, das sich entfaltete, jedes Weidenkätzchen, das seine schützende braune Knospe durchbrach, nahm ich mit einer Intensität wahr, die ich an mir selbst nicht kannte. Ich sog den honigsüßen Duft der Luft ein, die roch, als hätte sie sich frisch gewaschen. Das junge Laub war grüner, als ich es je zuvor erlebt hatte. Aber auch die Menschen, die mir begegneten, nahm ich ganz anders wahr. Sie hatten – bis auf Mama – nicht die Erfahrungen gemacht, die ich hinter mir hatte. Kleinigkeiten erschienen ihnen wie große Hürden.

Was konnte mich aufregen? Ich steckte voller Elan! Am Wochenende, an dem ich nach Hause kam, putzte ich die Wohnung! Es machte mir Spaß, meine Kraft zu fühlen und Möglichkeiten wahrzunehmen, die ich früher nie als wichtig erachtet hatte.

Glücklich nahm ich zum ersten Mal nach Monaten mein Tagebuch zur Hand und schrieb:

Samstag, 19. 3. 1994
Es wird Zeit für die nächste Eintragung, höchste Zeit. Wenn du wüsstest, was seit Neujahr alles passiert ist. Es war grausam, aber auch positiv für mich. Eine Erfahrung, von der man als Gesunder vielleicht nie mehr erfährt, die ich aber in meinem jetzigen Zustand und auch später nicht missen möchte. Ich habe mich selbst gefunden, nicht das, was ich will, sondern meinen Körper. Ich stehe nicht mehr neben mir. Ich fühle, dass ich lebe, dass da ein Körper ist, dass ich meine Hand bewege, dass ich hier schreibe. Da ist auf einmal etwas in mir aufgewacht, etwas ganz tief, eine Kraft, ein Willen. Ich hoffe, es hält lange an, sehr lange, für immer. Traurig ist, dass ich einen so langen und harten Weg zu diesem »Erwachen« zurücklegen musste, dass ich dafür erst krank werden musste. Geht es allen so? Wachen die Gesunden niemals auf? Sollte ich für dieses »Glück« und somit auch für den Lupus dankbar sein?

Mein 17. Geburtstag lag am Tag meiner Entlassung mehr als eine Woche zurück und ich musste nicht lange nachrechnen, um zu dem Schluss zu kommen, dass das elfte Schuljahr nurmehr drei Monate haben würde; mir fehlte ein Vierteljahr!

»Schlagen Sie sich das Abitur aus dem Kopf«, hörte ich jenen Arzt in der Charité sagen.

Ich spürte, dass die unbedachten Worte, mit denen dieser Mann womöglich schon andere Patienten in ähnlicher Lage entmutigt hatte, bei mir das genaue Gegenteil bewirkten: Sie gaben mir Kraft. Diesem Arzt wollte ich beweisen, wie Unrecht er hatte. Und mir wollte ich beweisen, dass ich mich vom Lupus nicht unterkriegen ließ. So, wie ich auf den Wiesen die Krokusse aus der Erde brechen sah, so fühlte ich: Meine Kraft hatte den Winter über nur geschlafen.

Ich schrieb tagelang die Schulhefte meiner Klassenkameraden ab und lernte wie eine Besessene. Das ging oft an meine Grenzen, denn ich musste noch immer Medikamente in hoher Dosierung einnehmen und wurde dadurch geschwächt. Die Herausforderung, die ich mir mit der Schule gestellt hatte, erschien mir hoch wie ein Berg, der bezwungen werden musste. Zweifel überwältigten mich, ob ich es schaffen konnte. Ich sperrte mich in meinem Zimmer ein und heulte eine halbe Stunde, dann kam ich wieder heraus. Meine Familie sollte sich keine Sorgen um mich machen.

Ich wusste nicht, wie sehr ich meine Mutti, meinen Vati, meinen Bruder liebe, und ich habe nicht gewusst und geglaubt, dass so viele an mich denken. Danke!, schrieb ich hastig ins Tagebuch.

Dann machte ich mich wieder daran, die Bücher zu wälzen. Mittlerweile purzelte alles durcheinander in meinem Kopf. In das Geschichtswissen mischten sich physikalische Formeln ... Ein wirres, buntes Bild.

Wieder nahm ich an diesem Samstag mein Tagebuch zur Hand und setzte den Dialog mit mir selbst fort:

»Die Zeit heilt alle Wunden?« – »Ja, du musst es nur wollen. Fehlt dir der Wille, wirst du es nicht schaffen, weder in der Liebe noch im Leben oder bei Krankheiten.« – »Du meinst also, nur mit Willen kann man es schaffen?« – »Du musst deinem Feind zeigen, dass du dich nicht unterkriegen lässt. Du musst auch in schweren Stunden immer einen Funken Lebensfreude in dir haben und diesen Funken nähren, allen zeigen, dass es dir schon besser geht. Du darfst aber nie vergessen, dass ihr höchstens gleiche Stärke besitzt, du diesen Feind also nie besiegen kannst. Zeige keine Schwäche und gib deinem Feind keine Chance, stärker zu werden. Du musst mit dem Lupus leben, nicht er mit dir, vergiss das nicht!«

Das war die Formel, die besser war als sämtliche Physik: Der Lupus kann nur leben, wenn ich selbst auch am Leben bleibe.

Meine Kampfansage an den Wolf sollte mir Gewalt über ihn geben. Aber welche Macht hatte ich schon über diesen heimtückischen Gegner? Nichts als meinen eisernen Willen. Ständig sagte ich mir: Du schaffst es. Beschwörend schrieb ich in mein Tagebuch:

Du darfst nicht träumen. Die Zukunft liegt vor uns – nur sie ist es, die uns hilft und auf uns wartet. Es gibt kein Zurück!

Den Feind, dessen Schatten ich mit dem Ausbruch der Krankheit bei meiner Mutter nur erahnen konnte, hatte ich mit meiner Kampfansage als Teil von mir angenommen. Ich konnte dem Wolf nicht entkommen, sondern musste ihn so weit bringen, dass ich ihn gewissermaßen zähmen konnte. Gar so, wie es den Menschen einst gelungen war, aus dem wilden Wolf den zahmen Haushund zu machen. Wenn mir dies gelänge, würde ich nicht nur die pessimistische Prognose jenes Charité-Arztes Lügen strafen. Ich würde genau so stark sein wie die Studentin, die ich in der Charité getroffen hatte.

Von Seiten meiner Lehrer erhielt ich Unterstützung. Sie sahen ein, wie die Zeit gegen mich lief und tolerierten, dass ich in ihrem Unterricht den Stoff eines anderen Fachs nacharbeitete. Ständig kam neuer Lehrstoff hinzu, während ich noch über dem alten brütete.

Bereits zwei Wochen nach der Entlassung stand die Klausur in Physik an. Der Lehrer stellte sich vor die Klasse und sagte, bevor es losging: »Kerstin will heute mitschreiben. Ich habe ihr versprochen, dass sie die Klausur wiederholen darf, wenn sie die Arbeit versieben sollte. Seid ihr damit einverstanden?«

»Natürlich«, sagten meine Mitschüler.

Ich schrieb also mit. Und schaffte eine Eins!

»Kerstin, sei vorsichtig. Du bist zu ehrgeizig«, mahnte meine Deutschlehrerin. »Pass auf, dass du dich nicht übernimmst!«

Ich entdeckte an mir Schwächen, die vor der Erkrankung nicht da gewesen waren. In manchen Situationen fielen mir Worte nicht ein, einfache Worte, die zum normalen Sprachgebrauch gehörten. Zudem hatte ich Erinnerungslücken. Mein Kurzzeitgedächtnis setzte aus und ich kam bei Erzählungen ins Schwimmen. In diesen Momenten bekam ich Angst. Ich hatte immer das Gefühl, die Zeit liefe mir davon.

Ende April vertraute ich meinem Tagebuch an: *Ich hatte mir das so einfach vorgestellt, aber die Kraft reicht noch nicht. Es ist doch ganz schön schwer und ich muss mich regelrecht zwingen. An manchen Tagen breche ich in Tränen aus, weil ich Angst habe, dass ich es nicht schaffe, oder nicht gut genug zu sein. Dann denke ich, dass ich meine Zeit vertue. Aber das stimmt nicht. Hinterher sage ich mir, lass alles auf dich zukommen.*

Die Rücksichtslosigkeit, mit der ich aufholte, wofür andere Monate Zeit gehabt hatten, richtete ich zwangsläufig auch gegen meine Umwelt. Meine früher ohnehin schon spitzen Bemerkungen wurden noch direkter. Bei jeder sich bietenden Gelegenheit provozierte ich Widerspruch. Nicht, um andere vor den Kopf zu stoßen, sondern um zu sehen, was geschieht. Wie reagierten die anderen auf meine zur Schau gestellte Stärke, die im Grunde nichts als eine bloße Behauptung war?

Mein Wunsch, mich auszuprobieren, ja, vielleicht neu zu erfinden, fand auch in meinem Äußeren seinen Niederschlag. Im Krankenhaus hatte ich durch die Medikamente

Haare verloren. Kahle Stellen hatten sich gebildet, gleichzeitig waren neue Haare nachgewachsen. Als Kompromiss hatte ich die Haare erst auf Ohrlänge abschneiden lassen. Jetzt, nachdem alle alten Haare ausgefallen und die neuen gerade ein Stück gewachsen waren, ging ich erneut zum Frisör und ließ die Haare radikal auf wenige Zentimeter kürzen. Ich besorgte mir Haarfärbemittel, um ein schönes Rot auf dem Kopf zu tragen. So ein richtiges Signal. Das Ergebnis war nicht ganz befriedigend: Meine Haare waren pink, kurz und pink! Ich stand vor dem Spiegel und lächelte mir zu: Ich fand mich unwahrscheinlich attraktiv.

Es gab Komplimente für meinen neuen Look, aber manchmal rief mir auch jemand irgendetwas Dummes nach. Ich zuckte die Achseln: Was interessierte mich das Gerede anderer Leute!

Sobald es wärmer wurde, besorgte ich mir Mini-Röcke, Kleidung, die ich zuvor nie getragen hatte. Und Hüte entdeckte ich für mich, die mich auffallen ließen.

Mit dem nahenden Sommer spürte ich, dass der Wolf erneut stärker als ich wurde – so sehr ich mich auch bemühte, ihn zu zähmen: Ich bekam Fieber, mein Oberschenkel fühlte sich wie taub an. Ich rief Dr. Wolbart in der Charité an, wobei ich mir natürlich den Anschein gab, dass ich mich nicht unterkriegen ließe.

»Sie müssen das Cortison wieder höher dosieren«, sagte er.

Das war keine gute Nachricht: Als ich aus der Klinik entlassen worden war, hatte ich 15 Milligramm genommen, inzwischen hatte ich mich auf fünf Milligramm täglich heruntergearbeitet. Denn Cortison ist ein Hormon, das der Körper eigentlich selbst in der Nebennierenrinde produziert. Nimmt man ihm diese Arbeit gewissermaßen ab, gewöhnt er sich daran. Möchte man das Medikament absetzen, da es ja Nebenwirkungen wie Abbau der Knochensubstanz, Gewichtszunahme und Entstehen von Diabetes hat, muss man die Dosis in kleinen Schritten von wenigen Milligramm herabsetzen.

Obwohl ich die Nebenwirkungen fürchtete, musste ich weiterhin Cortison einnehmen – es war zum Verzweifeln. Gerade so, als ob der Wolf mir seine Anwesenheit mit jeder Tablette, die ich einnahm, beweisen wollte. Wir kamen nicht voneinander los!

Sonntag, 5. 6. 1994
Ich habe Angst. Angst, alles noch einmal durchmachen zu müssen. Angst vor dem, was kommt, vor dem Ungewissen. Wie verläuft diese Krankheit bei mir? Werde ich irgendwann auch geistig eingeschränkt sein? Was wird aus meiner Zukunft? Was wird aus meinen Plänen? Kann mich überhaupt einer verstehen? Warum sagt mir keiner, was wird? Wird es schlimmer? Wie lange noch? Werde ich komplett verrückt, mit einigen Lichtblicken in meinem Leben? Ich habe Angst und weiß nicht wovor, weil ich nicht weiß, was kommt. Ich bin nicht so stark, das ist meine Angst.

Eigentlich hing ich ja an der langen Leine der Ärzte. Aber diese Abhängigkeit münzte ich einfach um: Die immer wiederkehrenden Fahrten nach Berlin empfand ich als Abwechslung. Seitdem meine Mutter erlebt hatte, wie gut Dr. Wolbart und die anderen Ärzte der Charité ihre Arbeit machten, ließ auch sie sich in der Rheuma-Sprechstunde von Dr. Wolbart betreuen.

Dass mein Vater uns regelmäßig die 120 Kilometer nach Berlin fuhr, verstärkte den Eindruck eines Familienausflugs. Obgleich Papa es nicht mochte, wenn wir über die Einzelheiten der Krankheit sprachen.

»Ach, hört doch jetzt auf damit«, sagte er.

Natürlich verschonten wir ihn dann. Wenn wir in der Charité eintrafen, blieb er im Auto. Der Mangel an Parkplätzen in der Berliner Innenstadt war durchaus ein Grund, nicht mit hinein zu müssen in diesen Krankenhaus-Dschungel mit langen Fluren, und stattdessen draußen im Auto zu warten. Und wer wollte einem gesunden Menschen verübeln, dass er die Kontakte mit einem Krankenhaus auf ein Mindestmaß beschränken wollte? Ich gewiss nicht! Wäre dort nicht der freundliche Dr. Wolbart gewesen, mit dem ich gelegentlich einen Tee trank, so wären mir die Besuche wohl auch nicht so leicht gefallen. Der Arzt war mein Verbündeter, der mir geduldig erklärte, welche Spielchen mein Körper gerade wieder einmal mit mir trieb.

Nach diesen Besuchen kehrte ich wieder nach Perleberg zurück, lernte und schrieb auch wieder für die Märkische Allgemeine Zeitung. Leider wurde die Jugendseite Opfer meiner Erkrankung; jene Freundin, mit der ich die Seite aufgebaut hatte, führte sie ohne mich nicht fort, und ein freier Mitarbeiter, der mir zur Seite gestellt wurde, hatte nicht das rechte Interesse an der Sache. Wurde ich auf die nur zwei Mal erschienene Seite angesprochen, hörte ich: »Ach, das war eigentlich ein schönes Projekt. Schade, dass es das nicht mehr gibt.«

Da blieb dann ein wenig Wehmut und manchmal kamen mir Zweifel, ob ich später überhaupt Journalistin werden könnte – eine Journalistin, wie ich werden wollte, eine die viel reist. Konnte man das mit dem Lupus?

Nachdem ich das Schuljahr mit einem der besten Zeugnisse meiner Gymnasialzeit beendet hatte, reiste ich Ende Juli für drei Wochen zu meiner britischen Gastmutter Janet und ihrer Tochter Karina.

»Du siehst aber anders aus«, stellte die kleine Karina fest.

Zwar hatten meine pinkfarbenen Haare wieder ihre ursprüngliche Farbe. Doch Karina kannte mich nur mit meinem schönen langen Haar und jetzt kräuselten sich kleine, dunkle, weiche Schäfchenlocken auf meinem Kopf!

Ich musste erklären, was in den zurückliegenden zwölf Monaten geschehen war. Janet, eine überzeugte Baptistin, sagte: »Das ist ein Zeichen von Gott, dass du wieder gesund geworden bist. Du musst Gott danken und der Kirche beitreten.«

»Wenn ich an Gott glauben will, brauche ich dazu keine Kirche«, erwiderte ich.

Ich genoss nicht nur den Britannien-Urlaub, als würde ich zum ersten Mal in meinem Leben den würzigen Duft der Meeresluft einatmen. Das Gefühl, das ich nach der Entlassung aus der Charité im März gehabt hatte, alles mit neuer Intensität zu erleben, hielt sich in den folgenden Monaten, in denen der Herbst eine anstrengende Klassenfahrt mit dem Lateinkurs nach Italien brachte, die ich ohne die geringsten Probleme mitmachte. Aber ich genoss auch die Farben des Herbstes in Perleberg, den modrigen Geruch des verfaulenden Laubes und den klaren, nach Schnee riechenden Winter. Die Weihnachtszeit, die ganz ohne Beschwerden ablief, die ersehnte Harmonie mit Kerzenschein und Lachen zum Jahresausklang.

Sternschnuppen

Der heftige erste Schub zur Jahreswende 1993/94 hatte mir vor Augen geführt, wie schwer kalkulierbar die Krankheit Lupus verläuft. Der Lupus gewährt dem Kranken Pausenzeiten voll trügerischer Ruhe; die Ärzte nennen diese Phasen Remissionen. Aus heiterem Himmel erfolgt dann der Rückfall. Der Vergleich mit dem Namensgeber liegt nahe: Das Wild, das der Wolf verfolgt, wähnt sich vor ihm sicher. Doch er macht sich gewissermaßen unsichtbar, wozu ihm sein Fell eine hervorragende Tarnung ist. Dennoch ist er ganz in der Nähe, schleicht sich auf leisen Sohlen an – und holt sich seine Beute.

Obwohl mein Leben jetzt wieder normal verlief, fand ich zu keiner inneren Balance. Wegen der Unsicherheit, die dem Gefühl entsprang, dem eigenen Körper nicht vertrauen zu können, hatte ich davor Angst, Beziehungen zu Menschen einzugehen, die ich nicht kannte. Hilfe erwartete ich ohnehin keine. Mutter oder Anka, die mir gelegentlich zuhörten, wollte ich nicht überstrapazieren.

Aber ich befand mich jetzt am Ende meines 18. Lebensjahres. Freundinnen gingen mit ihren Freunden aus. Ich jedoch wollte nicht mal den Gedanken zulassen, mich zu verlieben. Liebe hätte Nähe bedeutet, mit der Folge einen zunächst Fremden allmählich in meine Probleme und Sorgen einzuweihen.

Und doch: Es geschah. Im Februar 1995, kurz vor meinem 18. Geburtstag, besuchte ich in den Winterferien den Bruder meiner Mutter in Bühne, einem kleinen Ort zwischen Göttingen und Kassel. Onkel und Tante hatten zwei Töchter. Zum Freundeskreis meiner Cousinen gehörte ein junger Mann namens Christoph. Er hatte zwar eine Freundin, aber er nahm mich sehr wohl wahr – im Grunde war es nicht mehr als ein harmloser Flirt. Aber der junge Mann gefiel mir; ich gestand mir ein, dass ich mich in ihn verliebt hatte.

Ende Juni besuchte ich erneut meine Cousinen in Bühne. Gelegentlich traf ich auch Christoph wieder und flirtete mit ihm, aber er war immer noch mit seiner Freundin zusammen. Am Freitag, bevor der Aufenthalt bei meinen Verwandten zu Ende ging, tauchte Christoph bei meinen Verwandten gemeinsam mit einem großen, schlanken jungen Mann auf.

»Das ist mein Freund Lars«, sagte Christoph.

Für den folgenden Samstag schlug Christoph einen Kinobesuch vor, doch nur Lars erschien am Treffpunkt. Plötzlich saß ich mit diesem schüchternen jungen Mann, den ich so gut wie gar nicht kannte, am Samstagabend im Wohnzimmer von fremden Leuten. Während sich draußen ein wundervoller Sommertag dem Ende zuneigte.

»Was machen wir nun?«, fragte ich.

»Weiß nicht. Gehen wir mal los und schauen, was uns so einfällt«, gab er einigermaßen hilflos zurück.

Wir traten vor die Tür. Wiesen und Felder erstreckten sich rings um uns, durchzogen von einem Netz aus schmalen Erschließungswegen für landwirtschaftliche Fahrzeuge. Eine symmetrische Nutzlandschaft, alles andere als ein Ort, an dem »einem etwas einfallen kann« …

Der Mann, der neben mir herging, kannte jeden Meter der Feldwege, über die wir liefen. »Eigentlich bin ich

Geher«, sagte er. »Auf diesen Wegen habe ich früher trainiert.«

In diesem kleinen Wort »früher« verbarg sich ein Teil der Krise meines abendlichen Begleiters. Deutscher Meister war er gewesen, aber damit gab er nicht an. Im Gegenteil, es schien ihm eher eine Last zu sein. »Als ich zur Bundeswehr musste, bekam ich Streit mit meinem Trainer. Sonst würde ich jetzt für die olympischen Spiele trainieren.«

Der Streit mit seinem Couch hatte den Geher Lars auch privat aus dem Tritt gebracht – ein jahrelang angestrebtes, großes Ziel existierte nicht mehr. Und einen neuen Lebensinhalt hatte sich Lars wegen seiner erst jetzt zu Ende gehenden Bundeswehrzeit nicht suchen können.

Ganz offen sprach der drei Jahre ältere Mann über seine Probleme, dass er zu viel trinke, an Automaten spiele, ihm seine Freundin den Laufpass gegeben und er kaum Freunde habe. Dass sein Vater eine hohe Position bei der Bundeswehr bekleide und er selbst in den USA zur Welt gekommen war. Wie ein Buch redete Lars und wurde mir immer sympathischer. Eben gerade, weil er keine Reklame für sich machte, wie das ein Maulheld in solch einer Situation wohl getan hätte. Dabei gingen wir Kilometer um Kilometer weiter, merkten nicht, wie die Zeit verging, es immer dämmriger wurde. So wie die eintönige Landschaft keine Rolle spielte, verlor auch die Zeit ihre Bedeutung.

Ich selbst erzählte wenig von mir und meinen Problemen. Meine Krankheit erwähnte ich überhaupt nicht; die Sorge überwog, dass sie eher abschreckend wirken könnte.

Eine Wiese, gemäht, das frische Heu beim Vieh im Stall. Nur noch der Duft des frischen Grases hing in der klaren Luft. Wolken am Himmel, Abendlicht. Unbeschwertheit. Wir ließen uns in das Gras fallen, lagen nebeneinander auf dem Rücken und blickten in den dunkler werdenden Himmel, redeten, suchten Sterne zwischen den Wolken.

»Sieh nur, eine Sternschnuppe! Wünsch dir was!«

Man redet ja nicht über seine Wünsche. Aber es gab viel zu wünschen. Ich glaube, wir wünschten das Gleiche. Aber der Zeitpunkt, dies auszusprechen, war noch nicht gekommen. Wir redeten über die nahe Zukunft.

»Ich fahre in ein paar Tagen nach England zu meiner Gastfamilie. Das mache ich jedes Jahr.«

»Ich mag die Briten nicht so gern.«

»Ach, die sind aber nett.«

»Wann kommst du denn zurück aus England?«

»Ende Juli.«

»Wie wär's? Wollen wir dann noch Zelten gehen oder so?«

Das war ein reizvoller Gedanke – aber eben so wie eine Sternschnuppe: Sie fliegt rasch vorbei.

Inzwischen war es längst Nacht geworden war. »Wo sind wir?«, fragte ich Lars.

Er blickte um sich. »Tja, also bis zum Haus deiner Verwandten ist es genauso weit wie bis zum Haus meiner Eltern. Ich bringe dich dort hin.«

Kühl wurde es, mich fror. Er zog seine Jacke aus, legte sie mir um. »Jetzt frierst du«, sagte ich. Wir legten die Arme umeinander, um uns zu wärmen.

Ich glaube, jetzt erwähnte ich meine Krankheit. »Hast du das Gefühl, dass ich krank bin?«, fragte ich.

»Du? Und krank? Nee, wieso?«

»Sieh mich an, kannst du etwas sehen?«

»Nein, da ist nichts.«

Logisch, es war Nacht. Selbst im hellsten Tageslicht hätte Lars nichts sehen können; man sah mir einfach nichts an.

In Wirklichkeit jedoch litt Lars, was ich nicht wusste. Er hielt mich für »tabu«. Denn sein bester Freund Christoph – sein einziger, wie er gestand – hatte doch mit mir geflirtet ...!

Wir erreichten das Haus meines Onkels. »Weißt du, dass wir 26 Kilometer weit gelaufen sind?«, fragte Lars, der Geher.

»Wirklich 26? So weit?« Dann blickte ich zum ersten Mal auf die Uhr: zwei Uhr morgens! Sieben Stunden lang waren wir zwischen Wiesen und Äckern herumspaziert!

»Wie kommst du jetzt nach Hause?«, fragte ich.

»Gehen«, sagte er. Er hatte noch einmal sechs Kilometer vor sich. Später erzählte er mir, dass er in jener Nacht fast mit einem Reh zusammengestoßen wäre, das wohl ebenso geträumt hatte wie er …

Der folgende Sonntag brachte den Abschied. Christoph und Lars fuhren mich in Christophs Auto zum Bahnhof, wo ich den Zug nach Perleberg nahm. Ich umarmte Christoph zum Abschied. Lars stand daneben und wirkte sehr verlegen. Er schien mich nicht umarmen zu wollen, aber ich tat es dennoch. Da ließ er mich kaum noch los.

Ich hatte viel Zeit zum Nachdenken, während der Zug von West- nach Nordost-Deutschland unterwegs war. Nicht über meinen Flirt Christoph dachte ich nach, sondern über Lars. Ich hatte das Gefühl, ihn schon eine Ewigkeit zu kennen. Verliebt war ich noch nicht, so schnell geht das nicht, wenn man seit Jahren gewohnt ist, sich vor den eigenen Gefühlen zu schützen. Ich mochte Lars' Offenheit, seine Ehrlichkeit. Er war lieb. Außerdem sah er ja auch ganz gut aus; ein großer, schlanker Mann, etwas größer als ich, mit einem klaren Blick. Und er war verletzt. So wie ich.

Obwohl ich ständig an Lars dachte, musste ich den schon lange geplanten Aufenthalt bei meiner englischen Gastfamilie antreten. Dieses Mal würde es kein reiner Urlaub werden – ich hatte mich bereit erklärt, als Hilfslehrerin an einer Vorschule mitzuarbeiten. In England stürzten die

Eindrücke auf mich ein: Der Vater meiner Gastmutter Janet hatte eine Kehlkopfkrebs-Operation überstanden und benutzte zum Sprechen einen Apparat, der seine Stimme verzerrte. Für viele Menschen eine ungewohnte Situation, die mich seltsamerweise kaum irritierte. Wir beide hatten eine Erfahrung gemeinsam, gespürt, wie schnell das Leben eine dramatische Wendung nehmen kann. Meine eigene Gesundheit erschien mir nach wie vor stabil. Dass meine Finger mitten im Hochsommer blau wurden und ich oft fror, ignorierte ich einfach. Und es ging ja auch vorbei.

Ich hatte die Schulkinder, die mich ablenkten, aber auch forderten.

Donnerstag, 6. Juli 1995
Ich kann nicht gut mit Kindern umgehen. Sie brauchen Nähe, sie brauchen Wärme. Ich habe Angst vor Nähe. Die beste Therapie dagegen ist wohl, mit Kindern arbeiten zu müssen. Doch ich bin keine Respektsperson, ich kann sie nicht anschreien, wenn sie so herzlich lachen. Mit Entsetzen habe ich festgestellt, dass ich mich kaum in ihr Denken hineinversetzen will. Ich weiß, dass ich immer irgendwo ein Kind bleiben wollte, ich hoffe, dass ich das auch bin, aber nicht wirklich, nicht im Denken, eher im Fühlen. Mein Blick in die Welt sollte der eines Kindes sein.

In Deutschland näherte sich Lars' 21. Geburtstag und ich hatte den übermächtigen Wunsch, ihn mit ihm zu feiern. Ich rief bei ihm zu Hause an, aber er war unterwegs. Immer wieder probierte ich es, erfolglos. Schließlich schrieb ich ihm eine Postkarte.

Damals, auf der Wiese unter dem Sternenzelt, hatten wir ganz locker darüber gesprochen, dass wir nach meinem Aufenthalt in England zusammen Zelten fahren könnten. Denn das war auch eine Seite an ihm, die ich mochte, mit ihm gemeinsam hatte – die Liebe zur Natur, zum ursprünglichen, einfachen Leben. Zurück in Perleberg rief ich Lars erneut an.

Er hatte in Göttingen einen Studienplatz bekommen, um Mathematik und Physik fürs Lehramt zu studieren. »Komm mich doch dort besuchen«, sagte er am Telefon, erwähnte aber nicht, dass er gerade erst in seiner Bude eingezogen war.

Ich fuhr Anfang August einfach los, er holte mich am Bahnhof ab und dann stand ich in einer kleinen WG, die Lars mit zwei anderen Studenten teilte. Groß war sein Zimmer nicht gerade, ein Schrank, ein Tisch, eine Matratze am Boden, die vom Vorgänger stammte. Kein Zelt, aber ein Platz für zwei. Dass gleichzeitig die Leichtathletikweltmeisterschaften, für die Lars sich eigentlich interessierte, stattfanden, wurde völlig nebensächlich …

Stets hatte ich fast schon offensiv zu meiner Krankheit gestanden, manchmal in gewisser Weise ein Schild vor mir her getragen, auf das ich geschrieben hatte: Nehmt mich so, wie ich bin! Doch es gab etwas, worüber ich mit Lars unbedingt sprechen musste.

»Eine Krankheit, die nicht heilbar ist, gibt es nicht. Jede Krankheit ist irgendwann heilbar«, sagte Lars, nachdem er sich meine Geschichte aufmerksam angehört hatte. »Mein Vater hat Krebs gehabt und ist wieder genesen, warum sollte es nicht auch bei dir funktionieren?«

»Es kann zurückkommen. Ich weiß nicht, was dann passiert«, sagte ich. Der Schatten des Wolfes klebte ja stets an meinen Fersen; es war nur so, dass er in dem hellen Sonnenschein, der jetzt mein Leben durchflutete, nicht mehr auszumachen war.

»Wenn ich dir helfen kann, egal wie, versuche ich es, so gut ich kann. Ich werde alles tun, was in meiner Macht steht. Das verspreche ich dir«, sagte Lars.

In diesem Moment konnte ich nicht ahnen, wie wichtig seine Worte einmal sein würden. Aber ich spürte damals schon, dass dieser Mann so verlässlich ist wie das Fundament eines Hauses, das für Generationen gebaut wird.

Zum Abschied am Bahnhof schenkte er mir eine Rose und fragte mich: »Nun, wie sieht es aus, sind wir jetzt zusammen?«

Ich sagte: »Ja!« Aber 100 Prozent sicher war ich mir noch nicht, denn eigentlich brauche ich länger als zwei Wochen Bekanntschaft, um davon zu sprechen, mit jemanden fest zusammen zu sein. Aber für mich stand fest, dass er mir fehlen würde.

Mit dem nun beginnenden Jahr meines Abiturs fing ich erstmals an, meine Krankheit auszunutzen: Weil die 400 Kilometer von Perleberg nach Göttingen für ein normales Wochenende zu weit sind, nahm ich mir nach den ersten Freitagsstunden gewissermaßen frei und besuchte Lars. Oder ich blieb der Schule am Freitag gleich ganz fern. Offiziell natürlich wegen des Lupus. Er musste auch herhalten, als die Abschlussfahrt nach Rimini in Italien anstand, zu der ich gar keine Lust hatte. Meinen Klassenkameraden stand der Sinn nach Spaß.

»Stell dich nicht so an, dir geht es doch gar nicht so schlecht«, meckerten Klassenkameraden.

So oft hatte der Lupus schon meine Freiheit beschränkt und zwang mich auch jetzt noch zur ständigen Einnahme von Medikamenten, dass ich mir nun sagte: So eine Krankheit bringt nicht nur traurige und harte Zeiten mit sich – man kann sie auch ausnutzen.

Als die Klasse zurück war, fand ich mich bestätigt: In der Nachsaison Ende September ist die italienische Adria kein Ort für nächtelangen »Fun«, den sich alle erhofft hatten.

Und plötzlich zeigte der Wolf wieder seine Zähne:

Am Freitag hatte ich dem Namen meiner Krankheit alle Ehre gemacht. Als ich aufgestanden bin, war noch alles in Ordnung. Am Frühstückstisch merkte ich, dass meine Augen tränten und meine Lippen angeschwollen waren. Meine Finger und Handgelenke taten mir entsetzlich weh. Trotzdem bin ich zur Schule gegangen. Als eine Freundin mich sah, meinte sie, ich sähe ganz verschoben aus, als hätte ich mich geprügelt.

Meine erprobte Abwehr-Kombination aus Zuversicht – alles wird nicht so schlimm, wenn ich nur positiv denke – und Anrufen bei Dr. Wolbart in der Charité, die mir Trost gaben, hielt den Wolf an der kurzen Leine. Wieder fuhr ich für ein langes Wochenende zu Lars nach Göttingen. Und bekam eine Mandelentzündung.

»Wenn Sie auf Reisen krank werden, dann wenden Sie sich in jedem Fall an ein Uniklinikum«, hatte mir Dr. Wolbart schon bei Zeiten eingeschärft. »Dort kennt man sich mit dem Lupus besser aus als in einer Praxis für Allgemeinmedizin.«

Lars brachte mich mit meiner Angina ins Göttinger Uniklinikum, wo mir wie in jeder Hausarztpraxis Amoxicillin gegen die Entzündungen im Hals verschrieben wurde. Das Antibiotikum schlug erwartungsgemäß an. Es war Herbst geworden, da hat man schon leicht mal einen Infekt, dachte ich.

Kurz darauf stand wieder der Routine-Termin bei Dr. Wolbart an, auf den ich mich freute. Doch als ich morgens aufstand, entdeckte ich an meinen Beinen beginnend zahllose rote Punkte und Pickel. Na, da hatte ich Dr. Wolbart wieder mal etwas Neues zu bieten …! Wirklich Bedeutung maß ich der Sache nicht zu.

Aber Dr. Wolbart fand das gar nicht amüsant. »Ich

schreibe Ihnen eine Überweisung in die Hautklinik«, sagte der Ambulanzarzt. »Die können das besser einschätzen.«

Dort wurden meine Krankenakten eingesehen und die mich behandelnde Ärztin machte ein ernstes Gesicht. »Wissen Sie, das kann eine allergische Reaktion auf das Amoxicillin sein. Bei Lupus-Patienten wie Ihnen muss das beobachtet werden, denn eine allergische Reaktion kann einen Schub auslösen.«

»Was heißt das?«

»Wir müssen Sie dabehalten, Frau Elstner.«

»Ich bin nicht darauf vorbereitet, auf Station zu gehen!«

»Aber wir«, sagte die Ärztin ungerührt und gab mir ein hinten offenes Klinik-Nachthemd und eingeschweißtes Zahnputzzeug. Mein armer Papa brachte Mama zurück nach Perleberg und fuhr am nächsten Tag dieselbe Strecke noch einmal, um mich mit allem zu versorgen, was ich für eine Woche Krankenhaus brauchte.

Ich hatte Kost und Logis frei und wurde sofort mit einer ziemlich hohen Dosis Cortison behandelt, damit der Wolf gar nicht erst auf dumme Gedanken kam. Doch auf das verabreichte Prednisolon reagierte mein Körper überhaupt nicht erfreut; meine Haut begann zu jucken. Die Antwort der Ärzte bestand in einer Salbe, die verhinderte, dass ich mich kratzte. Ich hatte das Gefühl, meine ganze Haut wäre unter einer Maske versteckt.

So gelassen ich bislang mit dem Lupus umgegangen war, diesmal nervte mich seine Heimtücke besonders. Mir erschien dieser ungeplante Aufenthalt so überflüssig! Die Ärzte in der Charité handelten meiner Überzeugung nach übervorsichtig, ich glaubte, selbst einschätzen zu können, dass mein Körper mit der allergischen Reaktion auf das Amoxicillin fertig werden würde. Aber ich musste die Verantwortung über meinen Körper an die Mediziner abgeben und konnte meinen Kopf nicht durchsetzen. Die Quelle des ganzen Übels war dabei das Amoxicillin gewesen; ich hätte es nicht gegen die Angina nehmen dürfen.

Während ich nun eine tatenlose Woche auf der Station verstreichen lassen musste, in der ich für den anstehenden Geburtstag meiner Freundin Anka hauptsächlich ein schönes Teddy-Bild malte, fasste ich einen Entschluss: Ich nahm mir vor, in Zukunft mehr auf meinen Körper zu hören. Was nicht heißen sollte, dass ich den Rat der Ärzte in den Wind zu schlagen gedachte. Aber ich wollte eine gesunde Mischung aus ihrem Sachverstand und meinem Körpergefühl anstreben, um eine solche Pleite künftig zu vermeiden.

Gelegenheit dazu hatte ich erstmals wieder im März, etwa zu meinem 19. Geburtstag. Seit meiner Kindheit plagte mich das erste Mal wieder eine Blasenentzündung, die sich auch durch viel Flüssigkeit und Sitzbäder nicht vertreiben ließ. Ich achtete diesmal darauf, dass ich nicht wieder Amoxicillin, sondern ein Alternativ-Antibiotikum verschrieben bekam. Die Blasenerkältung verging, kam wieder – und ging. Das war eben so.

Manchmal half es, das Knurren des ewig hungrigen Wolfes zu ignorieren.

Keine Zeit zu warten

Mucksmäuschenstill saß die ganze Klasse vor mir. »Sein oder Nichtsein, das ist hier die Frage …«, deklamierte ich Hamlets berühmten Ausspruch, gestikulierte mit den Händen, hob und senkte die Stimme, ging wichtig auf und ab. Die Blicke meiner Klassenkameraden verfolgten meine Schritte, ihre Augen hingen an meinen Lippen, während ich den von Shakespeare vor Jahrhunderten geschriebenen und für alle Zeit gültigen Monolog vortrug.

Solche Situationen zu schaffen machte mir jetzt Spaß; vor meinem ersten Schub wäre ich zu solchen Auftritten niemals fähig gewesen. Das spürte ich deutlich und nutzte diese neu gewonnene Kraft bewusst.

Die 13. Klasse neigte sich dem Ende zu, die ersten Abiturprüfungen begannen im April. Nur noch wenige Monate und die Schulzeit läge hinter mir. Bis es so weit war, kostete ich nun jeden Tag aus, übernahm Projekte, hielt Vorträge, führte mit den Lehrern tiefschürfende Diskussionen. Mein Selbstvertrauen reichte so weit, mit der Geschichtslehrerin eine spitzfindige Diskussion über die Formulierung des Abiturthemas zu führen und damit einen Punktabzug zu riskieren.

Ich hatte das Gefühl, die Welt stünde mir nach dem Abi offen. Und das war schon das Problem. Was wollte ich mit meinem Leben anfangen? Das Nachdenken darüber hatte bereits nach meinem ersten Schub begonnen. Ich rechnete mit einem Notendurchschnitt, der mir ein Studium meiner Wahl ermöglichen würde. Ich war für alles schnell zu begeistern und blieb bei einer einmal angefangenen Sache auch am Ball. Zudem fiel mir nichts wirklich schwer. Aber welche Ausrichtung bot mir einen Lebensinhalt, der jeden Tag Abwechslung versprach und mich kreativ sein ließ? Es musste etwas sein, das meine Energie ausschöpfte. Die Energie eines Menschen, der sich zu diesem Zeitpunkt weniger als Lupus-krank empfand, sondern der sich als Bezwinger des Wolfes sah.

Kurzum: Ich suchte eine Herausforderung, die meinen Fähigkeiten, meinem Ehrgeiz und meiner übersprudelnden Kraft entsprach. Gleichwohl wurde diese Suche durch den Lupus auch eingeschränkt.

Obwohl mir die Beschäftigung mit Journalismus Spaß und Erfüllung gebracht hatten, spürte ich, dass das angestrebte Ziel – nämlich eine bedeutende Auslandskorrespondentin zu werden – für mich zu weit entfernt und zu anstrengend zu erreichen sein würde.

Was kam dann infrage? An Chemie war spannend, in den Formeln immer wieder etwas Neues zu entdecken und eine Herausforderung, im Vorfeld schon zu berechnen, was beim folgenden Experiment entstehen würde. Aber Chemie mit einer Erkrankung, die so leicht durch äußere Einflüsse aktiv werden konnte?

Meine heimliche Liebe galt schon lange der Malerei. Dazu kam das Interesse für Kunstgeschichte. Eigentlich mehr unbewusst hatte ich mich bereits umgesehen und herausgefunden, dass an der Kunstakademie in Dresden der Studiengang Restaurierung angeboten wurde. Je länger ich darüber nachdachte, umso mehr verfestigte sich die Idee, dort zu studieren. Die Vorstellung, später einmal Gemälde oder Fresken wiederherstellen zu dürfen, ließ meine

Fingerspitzen kribbeln. Aber die Anforderungen für eine Aufnahme an der Akademie waren hoch: Zuerst musste man eine Mappe mit eigenen Arbeiten einreichen. Danach wurden die Kandidaten für den Eignungstest ausgewählt. Von denen, die bestanden hatten, wurden pro Wintersemester nur 20 Studenten aufgenommen.

Um diesen hohen Anforderungen gerecht zu werden, hatte ich mit allen mir zugänglichen Materialien etwa ein Jahr lang gezeichnet und gemalt, mich durch sämtliche Stilrichtungen gearbeitet. Bald existierte eine Mappe voller Zeichnungen und Bilder, die ich bei der Bewerbung an der Kunstakademie einreichen wollte. Allerdings war Lars von Dresden als Studienort nicht angetan; es lag ihm zu weit im Osten – und zu weit von Göttingen entfernt.

Ich wollte jedoch im Vorfeld klären, ob sich eine Bewerbung überhaupt lohne und vereinbarte sicherheitshalber beim Professor einen Termin zur Mappenberatung. Der Professor betrachtete meine Werke. »Sie haben durchaus eine Chance aufgenommen zu werden«, konstatierte der gelehrte Herr. Ich atmete bereits auf. Dann kam das berühmte Wort »aber«: »Bei der geringen Zahl der Aufgenommenen sollten alle wirklich hinter ihrem Studium stehen, was bei frischen Abiturienten nicht unbedingt der Fall ist. Bewerben Sie sich zwei- bis dreimal. Studieren Sie doch in der Zwischenzeit etwas Artverwandtes wie Kunstgeschichte«, lautete sein Rat.

Ich verließ die Akademie mit einem lachenden und einem weinenden Auge. Lachend, weil ich die Bestätigung erhalten hatte, dass ich es schaffen könnte und weinend, weil für mich feststand, dass ich keine zwei oder drei Jahre auf einen Studienplatz warten würde. Dunkel ahnte ich, dass ich diese Zeit nicht hatte, dass mir niemand sagen konnte, was aus der Krankheit werden würde. Ich wollte schnell viel erreichen, ja, ich war überzeugt davon, dass ich schneller und mehr arbeiten musste als ein gesunder Mensch, um Erfolg zu haben.

Da kam mir eine Unterhaltung mit einem Architekten während einer Zugfahrt nach Göttingen in den Sinn. Architektur – das wäre eine Verbindung meiner verschiedenen Interessen und Fähigkeiten: Man muss analytisch arbeiten, Ideen entwickeln, sie zeichnerisch darstellen und Denkmalpflege setzt geschichtliches Wissen voraus.

Als im Juni die Abiturzeugnisse ausgegeben wurden, war ich gemeinsam mit einer Freundin die Viertbeste unseres Jahrgangs – Notendurchschnitt: 1,1. Ja, ich hatte allen Grund, mit mir zufrieden zu sein! Denn an diesem Tag dachte ich an jenen Ausspruch des Arztes, der mir vom Abitur abgeraten hatte, weil ich es mit dem Lupus ohnehin nicht schaffen würde. Diesem Mann konnte ich nicht beweisen, wie sehr er sich geirrt hatte. Aber mir, mir hatte ich es bewiesen!

Zur Abschlussfeier verkleideten sich alle Abiturienten als Engel. Und die Lehrer durften die Rolle spielen, die sie in unseren Augen jahrelang gehabt hatten: Ausgestattet mit Schwanz und Hörnern hatten die »Teufel« einige Prüfungen zu bestehen.

Ich konnte den lustigen und wundervollen Tag leider nicht genießen: Die seit März immer wieder aufflackernde Blasenentzündung stellte sich als schwerwiegender heraus, eine schmerzhafte Geschichte, die mir diesen Tag verdarb. Natürlich war ich beim Hausarzt, der ein Antibiotikum verschrieb. Der Ursache ging er nicht auf den Grund.

Seitdem Mama zunächst dicke Beine bekommen hatte und dann mit Nierenschäden ins Schweriner Krankenhaus eingeliefert worden war, war eine durch den Lupus hervorgerufene so genannte Nierenbeteiligung mein Alptraum. Sie symbolisierte eine dramatische Verschlechterung der

Lebensqualität, in Mamas Fall die Verrentung. Seitdem ich wusste, was auf mich zukommen konnte, kontrollierte ich deshalb gelegentlich meine Fußknöchel auf Wassereinlagerungen. Aber da war auch diesmal nichts.

Als ich einige Jahre später stolze Besitzerin eines kleinen Citroën war, dessen Keilriemen regelmäßig einmal im Monat kaputt war, veranschaulichte mir Dr. Wolbart den Zusammenhang zwischen Blasenentzündung und Nierenbeteiligung in etwa so: »Ihr Auto springt nicht mehr an und sie rufen den ADAC. Der Mechaniker schaut unter die Haube und sagt: Der Keilriemen sieht schlecht aus. Darauf antworten Sie: Der ist aber neu. Sagt der Mechaniker: Tja, dann liegt das an der Lichtmaschine.«

Meine Niere war eine Lichtmaschine, ich drehte stets am Anlasser und wenn ich mich wunderte, dass ich nicht in Schwung kam, ließ ich mich mit Antibiotika füttern. Wenn ich heute an diese Zeit zurückdenke, muss ich ehrlich zugeben, dass ich tief in meinem Inneren die defekte »Lichtmaschine« als Quelle der Blasenentzündung im Verdacht hatte ...

Da mein Abiturzeugnis den Voraussetzungen für den damaligen Architektur-Numerus-Clausus entsprach, musste ich nur noch auf die Entscheidung der Zentralen Vergabestelle für Studienplätze (ZVS) warten. Mein Erstwunsch war die Hochschule für Bauwesen in Weimar. Sie versprach mir die beste Ausbildung und war gleichzeitig nur rund 200 Kilometer von Göttingen entfernt. Einen Führerschein besaß ich inzwischen, aber das eigene Auto dazu fehlte noch.

So planten Lars und ich – unseren finanziellen Engpässen und der Liebe zur Natur entsprechend – eine Radwanderung entlang der Weser. Am Tag bevor wir aufbrachen, teilte mir die ZVS mit, dass ich in Weimar zugelassen war:

Das Leben schaltete meine Ampel auf grün; ich brauchte nicht zu warten.

Nach der Radreise mietete ich eine Ein-Zimmer-Neubauwohnung mit Balkon in dem kleinen Ort Kromsdorf, zwei Kilometer von Weimar entfernt. Die Matratze, die Lars schon von seinem Vormieter übernommenen hatte, erbte ich, dazu kamen ein Kleiderschrank und zwei Stühle sowie ein Fernseher. Dessen Schicksal verdeutlicht vielleicht am besten, welchen Wohnort ich mir mit Kromsdorf ausgesucht hatte: Es gab keinen Empfang! So schaffte ich das nutzlose Ding rasch wieder fort.

Auf dem Dorf fand ich, was ich gewollt hatte: ein eigenständiges Leben. Nur hatte ich dabei übersehen, dass ich mich vom studentischen Alltag ziemlich abkapselte. Wenn ich in meine stillen vier Wände heimkehrte, war niemand da, um meine Sorgen anzuhören. Davon gab es eine Menge: Abgesehen von ständigen Blasenentzündungen und Spannungen in den Beinen, musste ich mich in dem völlig neuen Kosmos Universität orientieren. Zwar zeigte ein Student aus einem höheren Semester in den Einführungen, wo welche Zugangsberechtigung zu bekommen und welche Materialien für ein Architekturstudium benötigt wurden. Wir wurden in Seminargruppen aufgeteilt und lernten unsere Seminarleiter kennen.

Der für uns Studienanfänger zuständige Tutor tat sein Bestes, um Hochgefühle gar nicht erst aufkommen zu lassen. Während wir ein altes Baudenkmal besichtigten, sagte er: »Sie werden während Ihres Studiums immer wieder an Ihre Grenzen stoßen und sich regelmäßig die Frage stellen, warum Sie dieses Studium gewählt haben.« Bedeutungsschwer ließ er den Blick über die Köpfe schweifen und ich glaubte, er sähe ausgerechnet mich an: »Sie werden sich fragen, ob Sie überhaupt geeignet für den Beruf des Architekten sind.«

Dann sagte er einen Satz, der sich in mein Bewusstsein ebenso tief grub, wie jener des Arztes über meine Chancen, das Abitur zu bestehen: »Viele von Ihnen werden in den ersten zwei Jahren unter anderem an diesen Fragen scheitern.«

Ich stand dieser Aussage völlig hilflos gegenüber. Denn ich kannte niemanden, der mir den wahren Grund für die drastischen Worte des Tutors erklärte. Und mein Selbstbewusstsein führte ohnehin eine Art Winterschlaf. Auch Weimar kannte ich so gut wie gar nicht: Zwar war ich anderthalb Jahre zuvor während einer Klassenfahrt in der Stadt der Dichterfürsten Goethe und Schiller gewesen. Aber jetzt mit dem Rad unterwegs zur Uni zu sein – das war ein ganz anderes und noch sehr fremdes Lebensgefühl.

Die feierliche Immatrikulation meines 96er-Jahrgangs fand zeitgleich mit der Umbenennung der »Hochschule für Bauwesen« in »Bauhaus-Universität Weimar« statt. »Bauhaus« ist ein Name, der unter Architekten in der ganzen Welt einen guten Ruf hat, denn die Gründer, der Deutsche Walter Gropius und der Holländer Henry van de Velde, hatten mit der Gründung des Bauhauses in Weimar einen neuen, sachlichen Baustil kreiert. Eine wechselhafte Geschichte verschlug diese Schule jedoch bereits sechs Jahre nach ihrer Gründung 1925 nach Dessau, und erst 71 Jahre später konnte die Tradition am alten Standort wieder aufleben.

Die Anforderung, die die selbstbewusste Eliteschule der Architekten an die neuen Studenten stellte, klang im November 1996 so: »60 Prozent aller Studienanfänger müssen bis zum Hauptstudium aufgehört haben, um den restlichen Studenten ein vernünftiges Hauptstudium zu gewährleisten.«

Ich blickte mich um: Nur vier von zehn Studienanfängern sollten in zwei Jahren noch hier sitzen dürfen? Du meine Güte! Auf was hatte ich mich eingelassen!

Das Signal, das ich durch diese Rede auffing, interpretierte ich auf meine Weise: Ich hatte mich enorm ins Zeug zu legen!

Ausgerechnet der erste reguläre Studientag ging total daneben: Ich unterschätzte die Entfernung hinein in die Stadt, verfuhr mich und fand meine Gruppe nicht, die irgendwo draußen im Grünen weilte. Verzweifelt schwang ich mich auf mein Fahrrad und strampelte zurück nach Kromsdorf. Ich packte meine Sachen in den Opel meines Vaters, den er mir geliehen hatte – und fuhr zu Lars nach Göttingen.

»Nein, so schnell gibst du nicht auf, Kerstin«, sagte Lars kategorisch. Und schickte mich einfach wieder zurück nach Weimar!

Meinen zweiten Studientag begann ich mit mulmigem Gefühl: Bei meiner Seminarleiterin für Gestaltungs- und Darstellungslehre, Susanne Ewald, hatte ich durch meinen Patzer am Vortag keinen guten Eindruck hinterlassen. Auch die ersten beiden Wochen waren hart und mir fehlte eine vertraute Person, jemand, der mir sagte, dass solche Schwierigkeiten ganz normal sind. In der Schule war ich mit meinen Leistungen ein Überflieger gewesen und hier zwischen lauter Überfliegern plötzlich nur noch Mittelmaß. Das versetzte meinem Selbstbewusstsein einen mächtigen Schlag.

Das Grundstudium erinnerte mich entfernt an die Schulzeit, da es zumeist wie in einer Art Klassenverband stattfand. Aber es gab einen gewaltigen Unterschied: Während ich früher in der Lage gewesen war, fast alle Schularbeiten in der Schule erledigen zu können, musste ich jetzt viel daheim aufarbeiten und Grundrisse mit Tusche zeichnen. Irgendwann in meiner Schulzeit hatte ich einmal das Schulfach Technisches Zeichnen. Das gehörte zu DDR-Zeiten zum normalen Unterricht. Allerdings war das schon eine Weile her. Zudem hatten wir damals nur mit Bleistift gezeichnet, nie mit Tusche. Ich verschätzte mich in der Zeit, die ich dafür brauchte und lieferte etwas ab, womit ich selbst unzufrieden war.

Das Architekturstudium hatte unterschiedliche Aspekte, die mir mehr oder weniger lagen: In Statik hatte ich anfangs einen Seminarleiter, der mit vielen Worten die einfachsten Dinge kompliziert erklärte. Zum Glück kannte ich mich dank meiner Physikvorkenntnisse aus der Schule in der Kräftelehre etwas aus. Allerdings half das nur über die ersten Wochen. Um mit Beiwerten und komplexeren statischen Systemen umgehen zu lernen, durfte ich keine Seminarstunde verpassen. Allerdings konnte der Lehrer nicht gut erklären. Baukonstruktion schien mir zu Beginn des Studiums unheimlich schwer. Meine kleinen Entwürfe waren sehr umständlich und ich war nicht zufrieden. Gestaltung- und Darstellungslehre jedoch wurde von Susanne Ewald so faszinierend unterrichtet, dass meine Motivation groß war.

»Verbinden Sie eine Aussage zeichnerisch mit einer Bildkomposition«, lautete eine ihrer Aufgaben. Ich zeichnete einen Tisch, den ein großer Apfel und ein überdimensionierter Zweig zum Bersten brachten, während daneben ein winziges Cuttermesser an den Rand gedrückt lag. Dass ich damit die Überlegenheit der Natur über den Menschen ausdrücken wollte, konnte ich gar nicht mehr erklären, denn Frau Ewald, eine energische Frau von Anfang 30, bat meine Kommilitonen um ihre Interpretation und teilte dann ihre eigene Einschätzung mit: »Avantgardistisch, kraftvoll und ausgefallen!«

Mit Architektur hatte dieses Erlebnis weniger zu tun,

doch der Erfolg machte mir Frau Ewald sympathisch und hob endlich wieder mein Selbstbewusstsein auf ein Maß, dass ich mir dachte: Vielleicht habe ich mich doch nicht für das falsche Fach entschieden …

Der Professor für Architekturgeschichte hatte es bei mir von Anfang an am leichtesten, weil Geschichte ohnehin mein Steckenpferd war; ich brauchte in den Vorlesungen nur zuzuhören und mein Gehirn nahm jedes Detail wie ein Schwamm auf. Schon bald forderte er uns auf, ein Bauwerk aus der älteren Architekturgeschichte zu beschreiben. Ich hätte den Weg gehen können, den meine Kommilitonen beschritten: Mich in die Uni-Bibliothek setzen und aus alten Texten etwas halbwegs Neues zusammenschreiben. Aber nein, ich wollte etwas Eigenes, Großartiges, etwas, das der Professor vielleicht noch nicht kannte.

Hätte ich mal die Finger davon gelassen!

Ich suchte mir die rund 80 Kilometer von Weimar entfernte Burg Querfurt aus, über die es praktisch keine eigenständige Literatur gab. Zwei volle Tage verbrachte ich im Rittersaal, um Zeichnungen von der Burgkirche zu fertigen und Details der mehr als 1000-jährigen Geschichte per Hand aus Akten und Zeitungsartikeln abzuschreiben. Einen arbeitserleichternden Kopierer gab es nicht. Allerdings war es Ende November bitterkalt, was für jemanden mit einer immer wieder aufflackernden Blasenentzündung gewiss nicht die richtige Umgebung darstellte. Zu allem Überfluss war die Zeit bis zur Abgabe knapp bemessen, so dass das Ergebnis in keinem Verhältnis zum Aufwand stand.

Mein frustriertes Herz sehnte sich nach familiärer Geborgenheit! Meine Großmutter wohnte in Wurzen, 20 Kilometer östlich von Leipzig. So lange schon hatte ich mir vorgenommen, sie zu besuchen, aber ich hatte einfach nicht die Zeit dafür gefunden. Schon als Kind hatte ich

Wurzen mit seinen Renaissance- und Barockgebäuden geliebt, es gab dort hübsche Geschäfte mit Schallplatten und buntem Spielzeug sowie den Ringelnatz-Brunnen, eine Attraktion, die Perleberg nicht zu bieten hatte. Der Bahnhof wiederum war ein Sehnsuchtsort, weil wir von dort aus in meiner Kindheit Ausflüge nach Leipzig und dort vor allem in den Zoo unternommen hatten.

Während ich nach einem Spaziergang durch den Ort vor dem Wurzener Bahnhof stand, kam mir die in Darstellungslehre von Frau Ewald gestellte Aufgabe in den Sinn: Es ging um das Thema »Tor«. Auf dem Skizzenblock hielt ich den Bahnhof mit der Fußgängerunterführung unter den Eisenbahnschienen fest, denn auch hier suchte ich wieder die große Herausforderung bei einem eigentlich leichten Thema. Zurück bei Oma stellte ich fest, dass meine Beine leicht geschwollen waren und spannten. Wie ich es mir angewohnt hatte, kontrollierte ich meine Knöchel. Aber da war nichts.

Ein ungutes Gefühl hatte ich dennoch.

Die alte Angst

Wer mit einer chronischen Erkrankung leben muss, gewöhnt sich an sie. Man hat keine andere Möglichkeit. Nach meinem ersten Schub hatte ich die ständige Auseinandersetzung mit dem Feind in meinem Körper unter das Motto gestellt: Die Erkrankung kann nicht ohne mich existieren. Anders herum ausgedrückt: Ich habe Lupus, aber der Lupus hat auch mich! Dennoch gab es eine Schwelle, über die mein spezielles »Haustier« keinesfalls durfte – meine Nieren.

»Wenn ich Wasser bekomme, ist mein Leben vorbei«, sagte ich mir. Diese alte Angst, die Mamas Beispiel mir mitgegeben hatte, kontrollierte ich nach Kräften, indem ich meinen Körper genau beobachtete. Schließlich bin ich allein für ihn verantwortlich. Gleichzeitig gab ich mein Bestes, um ein ganz normales Leben führen zu können. Aber im Hinterkopf war die Angst immer da, obwohl ich es nie wahrhaben wollte – und auch heute noch nicht will –, dass ich mich mein Leben lang mit ihr arrangieren muss.

Wieder einmal ging es auf Weihnachten zu und ich rief von Oma aus Dr. Wolbart in der Charité an, um ihm die Situation zu schildern.

»Kommen Sie schnellstens her«, riet er.

Nierenprobleme loten die Ärzte aus, indem der Patient über 24 Stunden Urin sammelt. Das Ergebnis muss mit

Geduld abgewartet werden; ich kehrte zur Uni zurück und stellte mich in der folgenden Woche dem üblichen Betrieb. Zwar wurden meine Knöchel nicht dicker, aber mein Alarmsystem meldete mir Schmerzen im Beckenbereich, also eine Blasenentzündung. Um die Ergebnisse der Urinuntersuchung bei Dr. Wolbart abzufragen, musste ich ihn anrufen.

Ich machte mir nichts vor: Ohne Krankenhausaufenthalt würde es wohl nicht abgehen. Und das an einer Uni, die 60 Prozent ihrer Studienanfänger wieder loswerden will! Würde man eine chronisch kranke Person wie mich nicht als erste auf die »Abschussliste« setzen?

Mir blieb nichts anderes übrig, als mich jemandem anzuvertrauen. Ich erzählte Frau Ewald vom Lupus und dass ich befürchtete, schon sehr bald für eine Weile auszufallen. Zudem musste ich Dr. Wolbart anrufen.

»Du kannst den Dienstapparat in meinem Zimmer benutzen«, sagte sie sofort. »Ich wünsche dir gute Besserung!« Meine Befürchtungen, Verpasstes nicht wieder aufholen zu können, vertrieb die Dozentin: »Werde erst mal wieder gesund und dann sehen wir weiter. So schlimm wird es nicht werden.«

Dr. Wolbart bestätigte meine schlimmsten Befürchtungen: »Ich habe schon ein Zimmer für Sie reserviert.«

Im Hinausgehen sah ich auf den Kalender. Knappe drei Wochen bis Weihnachten! Ob ich es schaffte, bis dahin wieder draußen zu sein? Was hatte der Lupus nur dagegen, dass ich mich auf Weihnachten freute …?

Ich hatte mir angewöhnt, vor jedem Besuch in der Charité zunächst nach Perleberg zu meinen Eltern zu fahren. So brachte mich auch dieses Mal mein Vater anschließend in die Mitte Berlins. In der Klinik bekam ich ein Zweibettzimmer im achten Stock. Das Zimmer erschien mir dunkel und unfreundlich, wahrscheinlich weil es schon wieder Winter war. Ich hatte eine nette Zimmergenossin, die nachts zwar gelegentlich schnarchte, aber mir ein Buch zum Lesen lieh.

Mir wurde mitgeteilt, dass eine Nierenpunktion gemacht werden sollte. Die Schwestern schickten mich ohne Begleitung zur Nephrologie. Da ich mich in dem großen Gebäude mit seinen 20 Stockwerken vom letzten Aufenthalt her gut auskannte, erschien mir das logisch.

Ich sagte einer Schwester Bescheid, dass ich zu meiner Nierenpunktion aufbrechen würde. Mit dem Auftragsschein für die anstehende Untersuchung bewaffnet, bestieg ich den Fahrstuhl, der mich in die Abteilung für Nierenheilkunde bringen sollte. Ein älterer Herr im weißen Kittel, schon aufgrund seines Alters gewiss ein bedeutender Mann, musterte mich lächelnd.

»Na, wo müssen Sie denn hin?«

»Zur Nephrologie.«

»Oh, was steht denn an?«

»Eine Nierenpunktion.«

»Hm, und wo ist Ihr Bett?«

Ich schlug mir an die Stirn. Ja, klar, ich wusste von Mama, dass man nach einer Nierenpunktion liegen musste. Das hatten sowohl ich als auch die Schwestern auf der Station völlig übersehen.

»Das ist nicht so schlimm«, meinte der freundliche Herr. »Wir haben auf der Nephrologie ein Telefon und ordern einfach ein Bett.«

Im entsprechenden Stockwerk angekommen, begleitete mich der Herr. Die Ärzte sprachen ihn ehrfürchtig mit »Herr Professor« an! Es stellte sich rasch heraus, dass er es sein würde, der mit einer dünnen Hohlnadel durch meine Rückenmuskulatur in die Niere stechen würde, um auf diese Weise eine Gewebeprobe zu entnehmen. Zu diesem Zweck hatte ich mich bäuchlings auf ein Bett zu legen. Anschließend wurde mir eine harte Kissenrolle unter den Bauch geschoben, was mich zu einem Katzenbuckel zwang.

Da die Charité ein Universitätsklinikum ist, waren auch entsprechend viele Studenten bei der Punktion anwesend. Als Studentin brachte ich ein gewisses Verständnis dafür auf, dass angehende Mediziner ein lebendes Anschauungsobjekt brauchten. Mein Rücken eignete sich offenbar hervorragend dafür, denn der Professor malte darauf mit einem Stift fleißig Kringel, um den Studenten Lungen-, Rückenmark- und Nierenpunktion zu veranschaulichen. Mein Rücken sah anschließend gewiss wie eine Landkarte mit lauter Kreisen und Punkten aus. Anschließend erklärte der Professor, wie und wo er bei mir punktieren wolle.

Ich lag dabei auf dem Bett mit der harten Kissenrolle in der Magenkuhle – und hörte aufmerksam zu. Dann endlich punktierte er. Um sich gleich darauf über meine Rückenmuskulatur zu beschweren, durch die er nicht durchgedrungen war; die Probe war unbrauchbar. Er punktierte noch einmal, diesmal mit mehr Druck.

Ich glaubte, mir würde jemand mit ganzer Kraft in den Magen boxen. Mir wurde schlecht und schwindlig, ich war nahe daran, das Bewusstsein zu verlieren. Anschließend musste ich mich schnellstens mit einem Sandsack im Rücken auf das mittlerweile eingetroffene Bett legen. Der Sandsack, der sich dem Körper anpasst, war nötig, um eine Blutung abzudrücken.

Zwei Zivildienstleistende rollten mich in den Lift. »Sie sehen aber ein bisschen blass aus«, meinte einer der beiden voller Mitgefühl.

Die folgenden sechs Stunden musste ich mit dem Sandsack im Rücken ausharren, dann durfte ich wenigstens das Kopfteil des Bettes etwas höher stellen lassen und der

Sandsack wurde entfernt. Noch weitere 18 Stunden lang musste ich so regungs- und vor allem tatenlos liegen bleiben.

Schließlich erfuhr ich das Ergebnis: »Entzündung der Nieren«, sagte die Stationsärztin.

Ich war am Boden zerstört: Die Entzündung im Gehirn während des ersten Schubes – als mir ein Motorrad durch den Kopf brummte – war vollständig abgeheilt. Nur die Erinnerung daran war geblieben. Ein Nierenschaden, das hatte Mama mir vorgelebt, war dagegen etwas Bleibendes. Mit 19 war ich an dem Punkt angekommen, an dem meine Mutter erst kurz vor ihrem 36. Geburtstag angelangt war! Ich wollte kein Wasser in den Beinen haben und jedes Mal nach einer größeren Anstrengung völlig mit den Kräften am Ende sein.

Meine Medikation wurde komplett umgestellt; ich erhielt ein anderes Cortison-Präparat, vor allem jedoch setzten die Ärzte jetzt ihre schärfste Waffe ein, um auf den Wolf Jagd zu machen, der offenkundig kein liebes Haustier geworden war.

Endoxan hatte schon meine Mutter genommen und ich kannte seine medizinische Wirkung: Vereinfacht gesagt unterdrückt das auch bei Krebs verwendete Endoxan eine Fehl- oder Überfunktion des Immunsystems. Seine Verabreichung bedeutet einen schweren Eingriff in das komplexe Geflecht des Körpers, auf den manche Patienten unter anderem mit Übelkeit oder Durchfall reagieren. Mir wurde es auf dem üblichen Weg gegeben, über den Tropf. Vier Stunden dauert diese Prozedur, und anschließend bekommt man eine Entwässerungsspritze. Sie sorgt dafür, dass jene Bestandteile des Medikaments ausgeschieden werden, die sich nicht im Körper anreichern sollen. Auf gut Deutsch: Man sitzt ständig auf der Toilette.

Diese unangenehme Behandlung sollte ich im folgenden halben Jahr monatlich und danach vierteljährlich über mich ergehen lassen. Wegen der möglichen Nebenwirkungen konnte die Therapie nur im Krankenhaus durchgeführt werden.

Drei Monate zuvor erst hatte ich mein Studium begonnen! Ich hatte mich gerade in den Universitätsbetrieb hineingefunden und musste doch noch so viel tun. Jetzt sollte alles schon wieder vorbei sein?

Meine »Karriere« als Kranke war zu diesem Zeitpunkt nicht sehr lang. Aber sie hatte mich bereits eines gelehrt: Wenn ich nicht das Opfer des Wolfes werden wollte, dann musste ich gegen ihn kämpfen. Von der Uni fern bleiben zu müssen, bedeutete nicht, dass ich mich nicht mit dem Stoff befassen konnte. Hatte ich nicht nach dem ersten Schub auch alles aufgeholt? Warum sollte mir etwas Ähnliches nicht erneut gelingen?

Nein, von einer solchen Kleinigkeit wie einer Nierenbeteiligung würde ich mich nicht unterkriegen lassen! Es ist die innere Einstellung, die man zu einem Problem hat, die über die Zukunft entscheidet. Nicht das Problem selbst durfte meine Zukunft entscheiden.

Ich rief Lars an: »Kannst du bitte nach Kromsdorf fahren und mir meine Studienunterlagen mitbringen? Vor allem die Unterlagen für Statik und Baukonstruktion sind wichtig!«

Lars kam gemeinsam mit meiner Mutter. Sie, die aus eigenem Erleben wusste, was für mich auf dem Spiel stand, vermittelte mir dennoch nicht den Eindruck, dass es nun mit mir bergab ging. Stattdessen blieb sie ruhig und ich hatte wie in Kindertagen das Gefühl, alles würde irgendwie gut werden.

Ja, das Endoxan hatte sie auch bekommen. Und es hatte

bei ihr Nebenwirkungen, wie sie eher beiläufig erwähnte: Bereits mit 36 war sie in die Wechseljahre gekommen.

Ich ließ derlei Informationen nicht an mich heran; mit 19, noch immer frisch verliebt, schließt man die Vorstellung aus, niemals Kinder bekommen zu können. Mit 19 sind 30-Jährige nahezu unvorstellbar »alt«, während man selbst das ganze Leben vor sich hat. Und es lag ja da – in Form all der Bücher und Hefte, die Lars mitgebracht hatte. Das war meine Zukunft, an die ich mich klammerte.

Der kleine viereckige Tisch in meinem Patientenzimmer wurde meine Lernstube. Dort entwarf ich meine komplette Seminararbeit für Baukonstruktion, die ich nach den Weihnachtsferien abzugeben hatte – und abgeben würde. Statik, ohne den Dozenten mit seinen verkomplizierenden Erklärungen, konnte ich durch die Bücher viel leichter verstehen.

Trotzdem kehrten die Gedanken zu meiner alten Angst zurück. Die Stationsärztin, meine Ansprechpartnerin in dieser entscheidenden Frage, war von den Mitpatientinnen als streng und herrisch charakterisiert worden. Das schreckte mich nicht ab.

»Welche Chancen habe ich, dass meine Nieren wieder vollständig gesund werden?«, fragte ich.

Mit erstaunlicher Direktheit antwortete sie: »Das ist nicht sehr wahrscheinlich.«

»Gibt es denn gar keine Chance?«

»Ich darf Ihnen keine falschen Hoffnungen machen …«

»Aber eine gewisse Wahrscheinlichkeit wird es doch geben …« Immer wieder formulierte ich die Frage neu, gab nicht nach.

Dann hatte ich sie soweit, dass sie endlich sagte: »Na ja, eine winzig kleine Chance gibt es schon, dass die Nieren wieder gesund werden. Aber die Wahrscheinlichkeit, dass

Sie weiterhin Eiweiß verlieren, ist leider bedeutend größer.«

Alles, was nach »Aber …« kam, wollte ich nicht hören! Ich verstand etwas anderes: Es lag in meiner Macht und an meinem Willen, wieder auf die Beine zu kommen.

Vielleicht klingt das naiv. So, wie in jenem Kinderfilm, in dem der Großvater zu seinem Enkel sagt: »Wenn du die Augen schließt und fest daran glaubst, dann können deine Wünsche in Erfüllung gehen.« Aber hat nicht jede Krankheit auch eine psychische Komponente? Wer sich selbst aufgibt, ist verloren.

Noch während der Endoxan-Therapie stellten sich merkwürdige Schmerzen ein. Es fühlte sich an wie das Ziehen in den Zähnen nach einer großen Portion Eis, war allerdings 100-mal so stark. Die Schmerzen reichten von der linken Zahnreihe über den Brustkorb bis in den rechten Bauchbereich, oder umgekehrt, von der rechten Zahnreihe bis in den linken Bauchbereich. Sie hielten so ungefähr zehn bis fünfzehn Minuten an. Dann verschwanden sie allmählich wieder. Nie zuvor hatte ich solche Schmerzen erlebt. Und es gab nur einen Trost: Sie gingen vorüber.

Damals war mir noch nicht klar, was das Wortmonstrum eigentlich beschreibt, mit dem die Ärzte meine Krankheit bezeichneten: Systemischer Lupus Erythematodes, in der gebräuchlichen Abkürzung SLE. Es bedeutet, dass der Wolf das gesamte System des Körpers angreifen kann. Denn überall in diesem System ist Blut und dieses transportiert die Antikörper überall hin, wo sie gesunde Zellen angreifen und zerstören. Während ich kurz vor Weihnachten 1996 in der Charité lag, lief exakt dieser Vorgang in meinem Nervensystem ab.

Warum nun ausgerechnet diese Stelle dran war, das ist eine der Fragen, auf die Ärzte bis heute keine Antwort geben können. Ebenso wenig, wie sie derzeit die Frage aller Fragen beantworten könnten: Warum bekommt man überhaupt diese »schreckliche Krankheit«, wie ich sie kurz nach der Diagnosestellung in meinem Tagebuch genannt hatte. Es gibt lediglich Vermutungen: hormonelle Prozesse, Stress, Umwelteinflüsse, Medikamenteneinnahme oder gar Erbanlagen. Zu diesem letzten Punkt laufen immer noch umfangreiche Forschungen.

Für mich, die kurz vor Weihnachten auf eine baldige Entlassung aus der Charité hoffte, spielten diese Überlegungen jedoch keine Rolle. Die kaum erträglichen Schmerzen führte ich auf das Endoxan zurück, war überzeugt, dass sie eine der gefürchteten Nebenwirkungen waren. Die nahm ich als unausweichlich in Kauf. Nicht einmal der Stationsärztin gegenüber verlor ich ein Wort darüber.

Das Endoxan brachte nicht ganz den erhofften Erfolg. Aber die Menge des über die Niere ausgeschiedenen Eiweißes war gering genug, damit die Stationsärztin meiner Entlassung zum 24. Dezember zustimmen konnte.

Schon Tage vorher hatte es zu schneien begonnen, und nun fuhr ich mit Lars gemeinsam zu meinen Eltern nach Perleberg zurück. Nach dem sterilen Karbolgeruch des Krankenhauses in den vergangenen drei Wochen genoss ich den Duft von Weihnachten, das frische Grün des Christbaumes und den würzigen Geruch nach Harz. Am Vormittag des Heiligen Abends half ich mit, den Baum zu schmücken, mittags gab es Pellkartoffeln mit Quark, abends Frikadellen mit Kartoffelsalat und Glühwein. Das Glöckchen rief zur Bescherung. Die mundgeblasenen Glaskugeln am Baum leuchteten im warmen Licht. Papa hatte eine Platte mit festlicher Musik aufgelegt, auf dem Tisch standen Weihnachtsteller mit Weihnachtsmann, Schokozapfen, Orangen und Marzipankartoffeln.

Die Geschenke waren nie das Wichtigste gewesen und waren es auch jetzt nicht. Wie zwei Jahre zuvor, nach meinem ersten schweren Schub, zählte vor allem, dass ich meine Familie um mich wusste, zu der inzwischen auch Lars gehörte. Sie bei mir zu wissen, gab mir Halt. Den brauchte ich jetzt stärker als je zuvor.

Ich hatte mich verändert. Das zeigte mir jeder Blick in den Spiegel: Ich hatte das bekommen, was man das »Cortison-Mondgesicht« nennt. Es half auch nichts, dass ich auf die Waage stieg. Ich hatte gerade mal vier Kilo zugelegt, wog 59 Kilo, was bei meiner Größe wirklich kein dramatisches Gewicht ist. Subjektiv fühlte ich mich aufgedunsen, bekam meine Schuhe kaum an und hatte das Gefühl, mich nicht mehr so frei wie vorher bewegen zu können. Dieses Spannungsgefühl reichte bis in die Finger.

Unter der Cortisontherapie der vorangegangenen Jahre hatte ich streng darauf geachtet, nicht dicker zu werden. Von Mama kannte ich das, was mit dem hässlichen Wort Stammfettsucht bezeichnet wird. Das Cortison hatte sie an Bauch und Po zunehmen lassen und sie bekam die Pfunde seither nicht mehr weg.

»Früher konnte ich alles anziehen; ich weiß nicht, was ich kaufen soll«, sagte sie gelegentlich beim Einkaufen.

Also war mein vordringlichstes Ziel, wieder auf mein altes Gewicht herunterzukommen. Aber wie sollte das gehen? Joggen, wie ich es früher getan hatte, durfte ich mit einem solch hohen Eiweißverlust nicht, da es die Nieren nur noch mehr belastet hätte. Ich hatte es mehrfach versucht, aber bereits nach wenigen Metern meldete sich der Kreislauf und das Becken tat weh. Ich probierte es mit Schwimmen. Doch im Wasser hatte ich das Gefühl zu ersticken. Selbst normale Bewegungen fielen mir schwer, weil ich glaubte, keine Luft zu bekommen.

Schon kurz nach meiner Geburt stellte meine Mutter bei sich die ersten Symptome der Krankheit fest

Unbeschwerte Kindheit: Mit Mutti und Bruder Heiko 1981

Mit 15 liebe ich die Natur und bin eine gute Schülerin

Mit 17 posiere ich für die Kamera meiner Freundin Anka

Abi 1996 – geschafft! Beate, Yvonne, Michaela und ich

1999: Das hochdosierte Cortison schwemmt mein Gesicht auf

Nach der ersten Chemo 1995 wuchsen mir Schäfchenlocken

Ich trug Mützen, um aufzufallen

Die Radtour mit Lars nach dem Abi

Die USA-Reise sollte ein Traum sein und wurde ein Alptraum

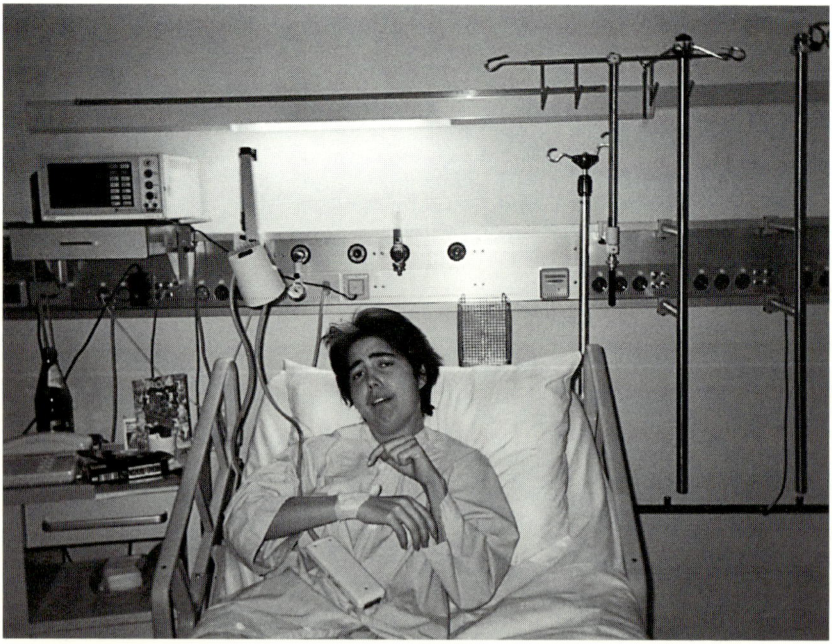

November 2000 im Isolierzimmer der Charité

Weihnachten 2000 mit Heiko: Die Stammzelltherapie hat Pause

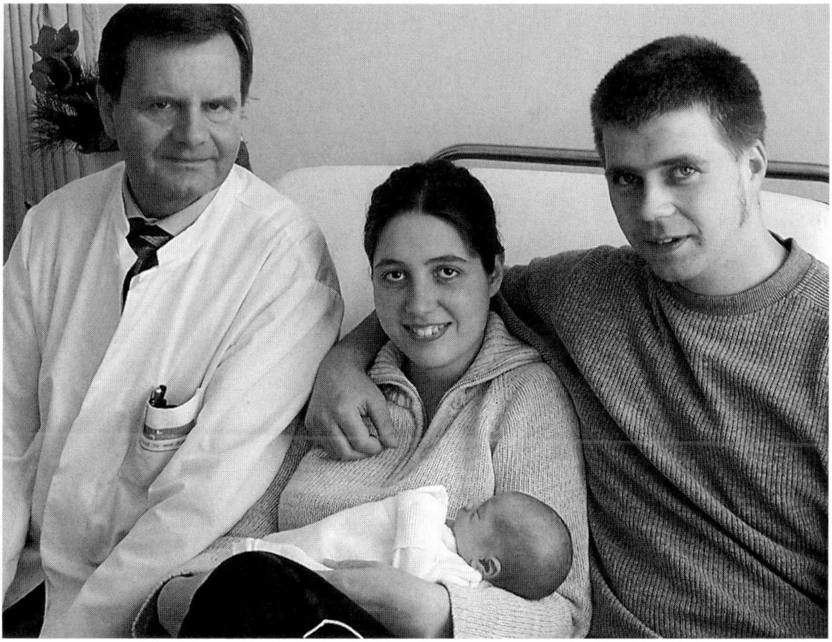

Prof. Hiepe gratuliert Lars und mir zur Geburt von Lasse

Mein Rückhalt: meine Eltern und ich im Frühjahr 2006

Wenn Lasse lacht, lacht mein Herz mit (Winter 2005)

Meine verlorene Attraktivität machte mich reizbar. Ich brauste auf, wenn jemand etwas sagte, dass ich als Kritik an meinem Verhalten verstand. Obwohl es meistens gar nicht so gemeint war. Lars hatte es schwer mit mir. Denn Nähe ließ ich erst recht nicht zu. Dennoch bewies er eine Engelsgeduld mit mir!

Mit dem neuen Jahr stand mir die Rückkehr an die Uni bevor. Wer sich mit den Nebenwirkungen von Cortison auskannte, sah mir an, dass ich krank war. Aus der Krankheit selbst hatte ich nie ein Geheimnis gemacht. Denn ich wollte, dass man mich so akzeptiert, wie ich bin. Niemals jedoch wollte ich Mitleid. Wer bemitleidet wird, hat keine Chance auf ein normales Leben. Dieses »Ach, du Arme, dir geht es ja so schlecht«, wollte ich nicht hören. Es hinterlässt den bitteren Beigeschmack, dass man nur noch als Kranker wahrgenommen wird. Die wirkliche Leistung, die man bringt, wird nicht mehr erkannt.

Aber was sollte ich machen, nachdem ich nun mal so aussah, wie ich aussah und dies auch nicht mehr beeinflussen konnte? Ich musste versuchen, es zunächst einmal selbst zu akzeptieren; das war wohl der schwerste Schritt. Dann musste ich »hinaus« in den Betrieb der Universität mit seinem Leistungsdruck, der das erklärte Ziel hatte, so viele Studenten wie möglich auszusieben.

Eine rosarote Pille

Mir stand ein schwieriger Spagat bevor: Ich wollte kein Mitleid erregen und dennoch an der Uni Verständnis für die Einschränkungen finden, unter denen ich studierte.

Das begann gleich zu Anfang, als ich wieder im Seminar für Baukonstruktion saß, obwohl ich noch krank geschrieben war. Ich konnte es mir nicht leisten, noch mehr Stoff zu versäumen, denn es standen schließlich Seminararbeiten an. Wie reagierte die Uni, wenn ich unverschuldet an einer Arbeit nicht teilnahm? Ich befürchtete, dass man keine Nachsicht haben würde und hätte dafür auch Verständnis gehabt. Im wirklichen Arbeitsleben interessiert es den Auftraggeber auch nicht, ob man aus Krankheitsgründen einen Vertrag nicht erfüllen kann. Mir blieb nichts anderes übrig, als mir während einer Odyssee durch die Uni-Verwaltung Klarheit über die Regelungen für meine spezielle Situation zu verschaffen. Und siehe da: Wer aufgrund einer Erkrankung Zeit verloren hatte, bekam die addiert!

Das war die gute Nachricht. Doch die schlechte wurde in Baukonstruktion von einem kerngesunden Mittdreißiger verkündet: »Sie haben zwei Wochen für den Entwurf Zeit.« Das hieß, eine Idee zu entwickeln, zu skizzieren, sauber in Tusche zu übertragen, eine mehrseitige Begründung des Entwurfs zu schreiben und das Ganze als Modell zu bauen. Und das neben all den anderen Fächern, die da noch zu bewältigen waren.

Inzwischen hatte ich jedoch mit Konzentrationsschwächen zu kämpfen. Schon die Planung eines Ablaufs bereitete mir Schwierigkeiten, eine scharfsinnige Analyse war noch viel schwerer. Dazu kam, dass ich die Ansprüche an meine Arbeit auf keinen Fall zurücksetzen wollte.

So etwas kann nicht gut gehen. Und es ging auch nicht gut.

»Ich brauche mehr Zeit«, sagte ich zu dem forschen Seminarleiter, denn dies stand mir nach Auskunft der Verwaltung zu.

»Wenn Sie sich den Anforderungen nicht gewachsen fühlen, sollten Sie sich fragen, ob Sie hier richtig sind«, lautete die Antwort.

Das klang, als hätte er gesagt: »Behinderte haben an der Uni nichts zu suchen. Wenn du krank bist und dein Pensum nicht schaffst, dann solltest du eben nicht studieren.« Das war genau das, was ich befürchtet hatte. Und ich hatte dem nichts entgegen zu setzen. Wo war mein Selbstbewusstsein geblieben? Wo meine kämpferische Einstellung?

Ich zog eine ganz nüchterne Bilanz. Man musste in jedem Fach einen Notendurchschnitt von mindestens 2,0 erreichen. Gelang dies nicht, stand eine mündliche Prüfung bevor. Und das bei einem Seminarleiter, der einen herablassend behandelte. Das konnte ich gleich lassen.

Dem Lupus die Schuld für mein Versagen zu geben, nützte nichts. Ich selbst musste meine Situation meistern: So stellte ich kurzerhand beim Prüfungsausschuss den Antrag auf eine Wiederholung des Kurses als Anfänger. Dem wurde ohne Umschweife stattgegeben. Somit hatte ich etwas Luft, aber so ein Semester, bei dem rund vier Wochen fehlen, ist verflixt kurz! Das Fach Statik bereitete mir Probleme. Die Kurse fanden freitags statt, wenn ich im vierwöchigen Rhythmus schon längst in der Charité war, um mich dort über das Wochenende – mitsamt Studien-Unterlagen – einzuquartieren. Auch für Statik musste ich eine Lösung finden und fand heraus, dass ich die Prüfung des aktuellen Halbjahres im Folgesemester nachholen durfte. Schaffte ich es allerdings ein Jahr nach der Zulassung zum Hauptstudium nicht, alle Statik-Prüfungen des Grundstudiums abzulegen, gab es kein weiteres Pardon: Dann hatte ich die Zulassung doch noch verwirkt und die Uni ihr Ziel erreicht – wieder hätte es eine Studentin weniger gegeben …

Während der monatlichen Aufenthalte in der Charité lernte ich viele andere Patientinnen kennen. Eine junge Frau zum Beispiel schrieb dort tagtäglich mit vorbildlicher Energie an ihrer Diplomarbeit in Biologie. Ich lernte auch ein Mädchen kennen, das gerade einmal 16 Jahre alt war. In diesem Alter war der Lupus bei mir diagnostiziert worden. Die 16-Jährige erlebte gerade ihren ersten Schub mit Nierenbeteiligung, was ich wiederum überstanden hatte. Sie war verständlicherweise traurig und deprimiert.

»Ich werde alle meine Freunde verlieren«, klagte sie. »Ich kann doch nichts mehr mit ihnen gemeinsam unternehmen! Und was ist mit meiner Schule? Das kann ich alles vergessen!«

»Du darfst nie aufgeben«, antwortete ich. Dann erzählte ich ihr von dem Arzt, der mir vom Abitur abgeraten hatte, und dass gerade diese pessimistische Einschätzung mich dazu beflügelt hatte, an meine Grenzen zu gehen. »Das ist meiner Erfahrung nach der einzige Weg«, sagte ich ihr.

In Dr. Wolbarts Ambulanz-Sprechstunde traf ich auch Patienten, die früh morgens kamen, ihr Blut untersuchen ließen und sich dann das Endoxan in Tablettenform geben ließen. Nach einer Beobachtungszeit durften sie abends wieder nach Hause. Eine ambulante Endoxan-Therapie, schoss es mir durch den Kopf, würde auch mich nicht mehr ein ganzes Wochenende lang an die Charité binden. Sondern mir ein winziges Stück Freiheit zurückgeben.

»Das sind Berliner Patienten«, bemerkte Dr. Wolbart. »Die haben nicht so eine weite Anreise wie Sie.«

»Es gibt Züge, die schon ganz früh morgens von Weimar nach Berlin fahren.«

»In Tablettenform verabreichtes Endoxan hat schwerere Nebenwirkungen.«

»Lassen Sie es uns dennoch ausprobieren; bislang habe ich noch nie Nebenwirkungen gehabt«, meinte ich. Doch in Wahrheit war ich bereit, sie in Kauf zu nehmen.

Als Arzt der Rheuma-Ambulanz musste Dr. Wolbart meinen Wunsch mit Professor Dr. Falk Hiepe besprechen, dem schon damals als Leitendem Oberarzt die rheumatologisch-klinische Station unterstand, und er stimmte zu. Wieder einmal hatte ich den Ärzten ein Stück meiner Selbstbestimmung abgehandelt! Ich traute mir diese Eigenverantwortung zu und war auch überzeugt, dass die Ärzte es taten. Vor allem Dr. Wolbart wusste, dass ich mich im Zweifelsfall sofort bei ihnen melden würde.

Es war eine ganz spezielle Form der Zusammenarbeit: Dr. Wolbart hatte mich schon ermutigt, sowohl mein Abitur als auch mein Studium zu machen. Er war sogar begeistert von der Wahl meines Fachs; wie es der Zufall wollte, hatte er einen Freund, der in Dresden ein angesehenes Architekturbüro besaß. Je weiter mein Studium fortschritt, desto mehr Substanz gewannen unsere privaten Gespräche. Wie bekämpft man einen hartnäckigen Schimmelpilz in der Wohnung? Da wusste ich dann Rat.

Diese kleinen Fortschritte änderten nichts daran, dass ich weiterhin mit meinem Aussehen haderte. Irgendwie musste das Gewicht doch zu reduzieren sein! Erneut probierte ich es mit Schwimmen aus. Mit einem Kommilitonen traf ich mich zum Studentenschwimmen. Morgens zwischen sechs und acht Uhr! Anschließend gingen wir ausgiebig in der Mensa frühstücken und danach zu unseren Vorlesungen. Diese Tage habe ich genossen. Aber auch beim Schwimmen merkte ich, dass es Grenzen gab, die ich nicht überschreiten konnte. Ich bekam schnell Kreislaufbeschwerden, Atemnot und Stechen im Brustkorb, ein Schmerz, der bis in die Fingerspitzen reichte. Mit der mir eigenen Sturheit nahm ich mich in die Pflicht: Es lag ganz allein an meiner miserablen Kondition, dass ich so rasch außer Puste kam.

Bei der zweiten ambulanten Endoxan-Therapie revoltierte mein Körper. Mein gesamter Mageninhalt entleerte sich so unglücklich, dass sich alles über eine der bemitleidenswerten Schwestern ergoss. Nun war auch den Ärzten klar, dass ich dieses Präparat nicht mehr vertrug. Da sich mein Nierenproblem überdies nicht gebessert hatte, folgerten Dr. Wolbart und Prof. Hiepe, das Endoxan bei mir wohl nicht wirkte und setzten es ab.

Das stattdessen verabreichte Sandimmun hatte wieder andere Nebenwirkungen. Gegen hohen Blutdruck half die gleichzeitige Einnahme eines entsprechenden Mittels, gegen die Haare auf der Oberlippe die Pinzette, aber gegen das jetzt auftretende Taubheitsgefühl in den Armen, den Händen und dem Gesicht half nichts. Als ich Sandimmun zum ersten Mal genommen hatte und in der Vorlesung saß, stellte sich überdies eine ausgesprochen dumme Nebenwirkung ein – unkontrollierbares Lachen. Es war ein richtiger Lachanfall, der mich dazu zwang, fluchtartig die Vorlesung zu verlassen.

Wer leidet, möchte auch Fortschritte erleben – in der Therapie und im Alltag. Glücklicherweise stellten die sich ein

Jahr nach meinem zweiten Schub ein. Der im Urin nachweisbare Eiweißverlust war durch Sandimmun auf nahezu Null zurückgegangen. Das bedeutete, dass meine Nieren wieder funktionierten. Das Eingeständnis, das ich der Stationsärztin auf der Rheumatologie abgepresst hatte, dass nämlich doch eine »winzig kleine Chance« dafür bestünde, war wahr geworden.

Ich hatte zwar viel für diese Erfolge getan, aber meine Hochachtung galt den Ärzten. Mein Vertrauen in ihr Können verfestigte die Überzeugung, dass alles wieder in Ordnung kommen würde. Die Schübe und Krankenhausaufenthalte wurden allmählich zu Episoden, die außerhalb des eigentlichen Lebens mit Studium und Arbeit und Familie lagen. Die neue Medikation erleichterte mir – den Nebenwirkungen zum Trotz – die Vorstellung, dass die Abhängigkeit von den Ärzten geringer geworden war. Hatte ich während meiner Schulzeit die Nachteile der Krankheit durch das Gefühl kompensieren können, etwas Besonderes zu sein, so wollte ich jetzt das Gegenteil: Ich wollte ein Mensch sein, der nicht beständig nach Ausnahmeregelungen suchen muss, um sich im täglichen Leben behaupten zu können

Für die Gespräche mit Dr. Wolbart bildete der Lupus zwar den Anlass, aber bei einer Tasse Tee sprachen wir nun häufiger über mein Studium. Schon bald sollte ich ein Praktikum machen und ich erinnerte mich daran, dass er einmal von einem Freund gesprochen hatte, der in Dresden ein Architekturbüro hatte. Und dass dieser Freund möglicherweise sogar einen Praktikumsplatz hätte.

Nun hakte ich nach, ob dieses Angebot noch galt.

Als ich mich kurz darauf vorstellte, erfuhr ich, dass Dr. Wolbarts Freund gemeinsam mit einem Partner ein renommiertes Büro für Denkmalpflege besaß. Ich wurde genommen – die Stelle war für mich wie maßgeschneidert.

Gerade solche Zufälle bestärken mich heute in meiner Überzeugung, dass der Lupus mir nicht nur Schmerzen und Schwierigkeiten eingebracht hat, sondern mir auch in gewissem Maße geholfen hat.

Im Frühjahr 1999 beschlossen Lars und ich, uns eine gemeinsame Wohnung zu nehmen. Dazu musste er allerdings sein Studium in Göttingen aufgeben und sich an der Uni in Jena einschreiben. Es war nicht schwer, ihn zu überzeugen, denn Lars hatte sein Studium ziemlich vernachlässigt und stattdessen lieber gearbeitet. Wir entschieden uns für eine Neubauwohnung, die gleich neben meiner bisherigen in Kromsdorf lag. Ab Juli hatten wir gemeinsam drei Zimmer und sogar einen Gartenanteil. Einige gebrauchte Möbel halfen, die Startkosten zu verringern.

In den vier vorangegangenen Jahren hatten wir nur eine Wochenend-Beziehung geführt. Meine nach wie vor hoch dosierte Medikation warf eine Frage auf, die für ein junges Paar wichtig ist: Konnte ich unter diesen Umständen ein Kind bekommen?

»Am besten,« sagte ich zu Lars, »kommst du beim nächsten Mal mit, wenn ich zu Dr. Wolbart muss.«

Für ein Kind wäre die Zeit keinesfalls reif, sagte der Arzt. Durch die fortwährende Einnahme von Cortison und Sandimmun, das die Antikörper bekämpfte, wäre eine Schwangerschaft nicht möglich.

»Wird es denn irgendwann eine Heilung für Kerstin geben?«, fragte Lars.

»Sie meinen so eine rosarote Pille, die man nimmt und alles ist weg?«, fragte Dr. Wolbart. Es klang, als spräche er ironisch von einem Wundermittel.

Lars nickte ernsthaft, genau darauf hoffte er – und ich sowieso.

»Der Lupus ist sehr individuell«, präzisierte der Arzt.

»Er äußert sich bei jedem Menschen anders. Aber es wird sicher für jeden irgendwann eine rosarote Pille mit einem Schmetterling drauf geben, die ihn gesund macht.«

Der Rheumatologe spielte mit dem Schmetterling auf eine frühere Bezeichnung für Lupus an: Im 13. Jahrhundert hatten Ärzte die bei vielen Kranken auftretende Rötung im Gesicht mit der Form eines Schmetterlings verglichen, was heute als Lupus-Erkrankung der Haut bezeichnet wird; diese Lupus-Form führt zu einer chronischen Entzündung des Hautgewebes. Seit 700 Jahren war Lupus bekannt und immer noch musste Dr. Wolbart vage eine Heilung in Aussicht stellen, die »irgendwann« mal möglich sein würde.

Gleichwohl ließen Lars und ich uns nicht entmutigen. Wir waren fest davon überzeugt, dass sie gefunden werden würde, die »rosarote Pille«. Dr. Wolbarts flapsige Bemerkung wurde zum geflügelten Wort, das für die Hoffnung stand, einem anscheinend unentrinnbaren Schicksal doch entkommen zu können.

Ich wusste damals weder, dass Dr. Wolbarts Kollegen längst – und zwar weltweit – an der Erforschung dieses »Wundermittels« tüftelten. Noch ahnte ich, dass das »Wundermittel« nur eingesetzt werden würde, wenn sonst tatsächlich nur noch ein Wunder das Leben eines Lupus-Patienten retten konnte.

Wie ein Indianer

USA – mein Traumland! Seitdem ich mit Lars zusammen war, wollten wir dorthin. Lars ist schließlich seit seiner Geburt US-Amerikaner. Die Möglichkeit rückte in greifbare Nähe, als sich Lars' Vater von seinem Arbeitgeber, der Bundeswehr, in die USA versetzen ließ. Seit Monaten hatten wir für den auf acht Wochen angelegten Aufenthalt gespart. Lars' Eltern lebten dort, wo die USA dem Klischee von Freiheit und Abenteuer am ehesten entsprechen – im texanischen El Paso.

Die letzten Umzugskisten waren gerade in der neuen Wohnung ausgepackt, da war der Abflugtermin für Lars schon gekommen. Er flog voraus, ich wollte ein paar Tage später nachkommen. Da die lange Abwesenheit von Deutschland den Rhythmus der Untersuchungen in der Charité unterbrach, ließ ich mich vorab in der Charité durchchecken. Meine Werte hatten sich so weit gebessert, dass Dr. Wolbart die Dosierung herabsetzen konnte. Dennoch musste ich immer noch so viel Medizin mitnehmen, dass Dr. Wolbart es für angebracht hielt, mir ein auf Englisch abgefasstes Schreiben mitzugeben: »Die Patientin führt Medikamente ausschließlich zum Eigenbedarf mit sich.« Nicht, dass die Zöllner annahmen, ich würde fremder Leute Wolf füttern wollen …

Routinemäßig wurde mir noch einmal Blut abgenommen; das erst Tage später verfügbare Ergebnis erfuhr ich jedoch nicht. Über Perleberg reiste ich gleich anschließend nach Hamburg und bestieg das Flugzeug. Während ich nach dem Transatlantik-Flug auf dem Airport in Dallas auf den Anschlussflug wartete, spürte ich wieder einmal ein Taubheitsgefühl im Gesicht, den Armen und Händen. Monatelang hatte ich es ignoriert.

Mir schien nichts anderes übrig zu bleiben: Sogar bei einer Neurologin war ich deshalb gewesen, die meine Gehirnströme gemessen hatte. »Nichts Unnormales«, hatte sie gesagt. »Ihr EEG sieht allerdings aus wie das eines Mädchens in der Pubertät.«

Nach einer 33-stündigen Reise nahm ich gerädert, aber auch erleichtert Lars in die Arme und begrüßte seine Eltern sowie seine Schwester Kirsten, die sonst in Greifswald studierte. Schönes El Paso! Mitten in der Wüste und dennoch der Duft unbekannter Bäume, Büsche und Blumen. Ein großes Haus, ein Pool inmitten eines sorgsam bewässerten Gartens. Ein Kolibri, der den Nektar einer Blüte trinkt und ich fotografiere.

Am Morgen erwachte ich mit Schmerzen in allen Muskeln, die Gelenke waren steif. Ich gab nichts darauf, schob es auf den überaus anstrengenden Flug. So sehr hatte ich mich auf die USA gefreut, dass ich nur die schönen Seiten der vor mir liegenden zwei Monate sehen wollte.

Lars' Vater beschrieb die Route, die er mit uns fahren wollte: Mit dem Dodge-Van und Zelten sollte es von El Paso aus gen Norden nach New Mexico gehen zu den Indianer-Reservaten.

Ich erinnerte mich an die Karl-May-Verfilmungen, die ich als Kind gern gesehen hatte und an den Winnetou-Spruch: Ein Indianer kennt keinen Schmerz.

Lars' Vater zeigte auf der großen USA-Karte die übrigen Stationen, Orte, deren Namen Legende sind: Santa Fe,

Grand Canyon, Las Vegas, Bryce Canyon, Salt Lake City und wie sie alle hießen. Eine Traumreise, genau ausgearbeitet, selbst die meisten Zeltplätze waren schon ausgekundschaftet. Ich sah in den begeisterten Gesichtern, wie sich die anderen vier freuten. Ich war zwar ausgesprochen neugierig auf all das, aber Ruhe und Entspannung hätten mir vollends genügt. Denn die Gefühllosigkeit in Gesicht, Armen und Händen war auch nach zwei Wochen in El Paso nicht vergangen. Doch ich sagte wie üblich kein Wort.

Schon am zweiten Tag der Fahrt hatte ich das Gefühl, eine Erkältung zu bekommen. Nie zuvor war ich während eines Urlaubs krank geworden! Ausgerechnet jetzt, wo wir mit Sky City die älteste durchgehend bewohnte Siedlung der USA besichtigten. Ich, die an Geschichte interessierte Architekturstudentin, nahm von dem Pueblo, das die Acoma-Indianer als Fluchtort auf einem Felsplateau errichtet hatten, kaum etwas wahr. Meine Muskeln waren verspannt und mein Nacken schmerzte. Ich schob all das auf die Nacht zuvor, die wir im Zelt auf recht hartem Untergrund verbracht hatten und baute darauf, dass ich mich bald wieder wohl fühlen würde. Ich zog zwar durchaus in Erwägung, die Medikamentendosis zu erhöhen, ließ es aber. Denn Dr. Wolbart und ich hatten genau das Gegenteil beschlossen: Ich sollte schrittweise weg vom Cortison.

Auch von den nächsten Stationen bekam ich kaum etwas mit. Wenn die anderen ausstiegen, um sich berühmte Indianerorte anzusehen, blieb ich nach Möglichkeit im Wohnmobil. Ich hatte nur den Wunsch zu schlafen. Zwar wollte ich durchaus neue Dinge sehen und Eindrücke sammeln, so viele wie möglich. Aber nicht jetzt, nicht sofort, irgendwann später. Lars' Vater lenkte den schweren Van über kurvige, enge Straßen durch die Rocky Mountains. Eine wunderbare, abwechslungsreiche grüne Landschaft zog vorüber. Und mich quälten unvorstellbare Bauchschmerzen!

Obwohl ich seit Tagen kaum mehr etwas aß und mehrere Kilo abgenommen hatte, ließ schon der Geruch des amerikanischen Essens mir den Appetit vergehen. In Mesa Verde, wo die Anasazi-Indianer vor 1000 Jahren Städte in den Sandsteinfelsen geschlagen hatten, kannte ich erstmal nur ein Ziel: die Toiletten. Hinterher mussten wir über Strickleitern zu den Höhlen klettern und obwohl ich alles sehr faszinierend fand, war ich doch mehr mit meinem schmerzenden Körper beschäftigt. Gerade hier, im Land der Indianer, musste der Spruch doch richtig sein: Ein Indianer kennt keinen Schmerz.

Während wir weiterfuhren und auf wirklich hübschen Campingplätzen in Mitten wilder Natur übernachteten, musste ich einsehen, dass ich zwar gewillt war, mich an das von Karl May ersonnene Motto zu halten. Doch ohne eine leichte Erhöhung des Cortisons war das unmöglich. Das Okay dazu hatte Dr. Wolbart mir vorab gegeben.

Ein Thunfisch-Sandwich im Restaurant eines gottverlassenen Kaffs musste ich nach drei Bissen eiligst auf die Toilette bringen! Während ich mich gleichzeitig übergab und Durchfall hatte, schien mir der Kopf zu platzen. Ich fürchtete, an diesem trostlosen Ort sterben zu müssen.

Nun ließ sich meine Verfassung nicht mehr verbergen. »Kerstin, sollen wir den Urlaub abbrechen? Jetzt können wir noch umkehren und in Richtung Süden nach El Paso zurück. Sonst fahren wir gen Norden nach Salt Lake City weiter. Was sollen wir machen?«, fragte Lars' Vater.

Ich schaute meine Reisegefährten an. Sollte ich ihnen den Urlaub verderben? Sie um Las Vegas bringen? Würde es mir nicht doch wieder besser gehen? Lag es nicht vielleicht einfach nur an der Kombination aus ungewohntem Essen, Erkältung und langen Autofahrten, dass ich mich so miserabel fühlte?

»Lasst uns weiterfahren«, sagte ich. »Ich kriege das schon in den Griff.« Ich verhielt mich meinem Grundsatz entsprechend, den ich mit 16 erstmals formuliert hatte: Mein Verhältnis zu meinem Körper ist reine Einstellungssache.

Mit schierer Willenskraft, glaubte ich damals noch, würde ich den Lupus in den Griff bekommen. Doch wenn ich ehrlich bin, dann ahnte ich in diesem verlassenen Kaff bereits, dass sich der dritte Krankheitsschub aufbaute.

Jede der weiteren Reise-Stationen, zu denen ich großteils schlafend gelangte, bringe ich mit neuen Komplikationen in Verbindung: Am Hoover-Damm bekam ich keine Luft mehr, hatte entsetzliche Schmerzen im Bauch und auf der Brust. In Las Vegas besuchten wir eine *wedding chapel,* wo Blitzhochzeiten stattfinden und Lars' Vater fragte uns, ob wir uns nicht hier trauen lassen wollten. Aber es war nicht der richtige Zeitpunkt ... Am Bryce Canyon wurde mir schwindlig, die Luft blieb mir weg. Lars' Vater sagte später, ich wäre blau angelaufen. Wir waren auf 2500 Metern Höhe. »Du verträgst das Höhenklima nicht«, meinte er und beeilte sich, uns alle in gemäßigtere Lagen zu bringen.

Weiter ging es durch die Rocky Mountains. Ich schlief immer wieder ein. Einmal hatte ich einen merkwürdigen Traum, aus dem ich mit dem eigenartigen Gefühl erwachte, meine epileptischen Anfälle von 1994 noch einmal durchlebt zu haben. Ich sah alles lebhaft vor mir. Aber ich wurde nicht richtig wach, sondern war orientierungslos und versuchte krampfhaft, meine Gedanken zu ordnen. Ich wusste nicht, warum ich mit einer Decke zugedeckt war, warum ich in einem Auto durch die Gegend fuhr und wo ich überhaupt war. Ich hatte sogar Probleme, den eigentlich vertrauten Gesichtern der Menschen im Auto Namen zuzuordnen.

Verzweifelt bemühte ich mich, alles zu sortieren. Allmählich fügten sich die Puzzleteile wieder zusammen. Ich war in die USA geflogen, machte mit Lars' Familie Urlaub. Aber ich musste mich vergewissern, ob auch alles so stimmte: »Waren wir gestern am Bryce Canyon und haben wir dann auf einem Campingplatz übernachtet?«

Alle sahen mich verwundert an. Schließlich bestätigte jemand, dass es so gewesen war. Ich beruhigte mich etwas und schloss die Augen, aber es gelang mir nicht mehr zu schlafen. Ich schlug die Augen auf und sah auf dem linken Auge Facetten. So wie eine Fliege mehrere Bilder gleichzeitig wahrnimmt. Das machte mich irre. Ich hätte heulen können. Immer wieder schloss und öffnete ich die Augen, als ob ich diese facettenhaften Bilder abschütteln könnte.

Alles Einstellungssache ...! Erst nach einer halben Stunde konnte ich wieder normal sehen.

Inzwischen konnte ich mir nichts mehr vormachen: Alle Alarmzeichen sprachen für einen Schub. Es erschien mir zunehmend unwahrscheinlicher, dass ich die ganzen acht Wochen in den USA bleiben konnte. Doch ich riss mich weiterhin zusammen und sagte auch Lars kein Wort. Tatsächlich ging es mir dann auch wieder etwas besser, so dass ich auf dem nächsten Campingplatz abends über dem offenen Feuer gegrilltes Fleisch essen konnte. Am nächsten Morgen ging ich mich waschen und entdecke in meinem Gesicht rote Stellen. Sie sahen aus wie abheilende Pickel, und ich überschminkte sie kurzerhand.

Ich wollte nicht daran denken, dass ich diese Flecken kannte. Dass sie auf Entzündungen der Nervenenden hindeuteten.

Den Rest der Reise über dauerte der Kampf mit mir selbst an. In manchen Nächten ließen mich ständige Schmerzen in der Brust kaum schlafen. Atmete ich tief ein, glaubte ich, das Herz würde mir aus der Brust springen. Irgendwie brachte ich die Reise hinter mich und wir trafen im Haus von Lars' Eltern in El Paso ein. Immerhin hatte ich dort noch die Energie, eine große schwarze Witwe zu fotografieren, die vor dem Garagentor ihr Netz gesponnen hatte …

In der ersten Nacht nach unserem Urlaub wurden die Schmerzen in der Brust so schlimm, dass ich nur aufrecht sitzend versuchen konnte, Schlaf zu finden. Zusätzlich bekam ich Fieber; Lars wusste nicht mehr, was er machen sollte. Unsere gemeinsame Haltung, dass letzten Endes doch noch alles gut werden würde, ließ sich kaum noch aufrechterhalten.

Nach dieser Nacht hatte ich panische Angst, meine Eltern nie wieder zu sehen. Mir wurde die Entfernung bewusst, die zwischen uns lag. Ich wollte nicht mehr in El Paso bleiben, sondern so schnell wie möglich zurück nach Deutschland. Ich fühlte mich wie ein kleines Kind, das sich nach der Nähe der Eltern sehnt. Nach der Stimme der Mutter, die beruhigend sagt: Es wird ja alles wieder gut. Denn diese Stimme log niemals.

»Ich werde meinen Flug umbuchen und mit dem nächsten möglichen nach Deutschland zurückfliegen!«

Lars' Familie war schließlich doch so besorgt, dass mir sogar eine Begleitung für das Umsteigen in Atlanta organisiert wurde.

Als meine Eltern mich in Hamburg in Empfang nahmen, war vor allem meine Mutter auf bedrückende Weise schweigsam. Mir kam nicht einmal der Gedanke, dies mit meinem Zustand in Verbindung zu bringen!

Erst später gestand sie mir, dass sie entsetzt war: »Du bist gekrümmt wie eine alte Frau gegangen.«

Ich war unheimlich blass und hatte viel mehr Gewicht verloren, als ich angenommen hatte. Nach einer Übernachtung in der neuen Wohnung meiner Eltern, die inzwischen ihre Plattenbauwohnung gegen eine in einem Zwei-Familienhaus eingetauscht hatten, brachte mein Vater mich nach Berlin. Am 5. September, zwei Tage nach meinem Abflug in El Paso, checkte ich in einem mir äußerst vertrauten »Hotel« ein, der Rheumatologie der Charité.

Dr. Wolbart war sich darüber klar, was mit mir los war. Denn bereits fünf Wochen zuvor war bei ihm der Befund jener Untersuchung meines Blutes eingegangen, die vor meiner Abreise gemacht worden war – meine Antikörper waren schon damals sehr hoch gewesen. So hoch, dass ich die ganze Reise gar nicht hätte antreten dürfen! Aber der Arzt hatte keine Gelegenheit mehr gehabt, mich aufzuhalten. Und so waren in der Folge einige Faktoren zusammengekommen, die einen massiven Schub mit Entzündungen von Gehirn, Muskeln, Gelenken und Nerven ausgelöst hatten: Die Reduzierung statt Erhöhung der Medikamentendosis, die Schwächung durch den langen Flug und – vor allem – die intensiven Sonneneinstrahlung in El Paso.

Das geballte Wissen der Spezialisten wurde an mir angewandt. Mein Kopf wurde im MRT untersucht, ein Echo vom Herz gemacht und Röntgenstrahlen machten mich beinahe durchsichtig. Eine sofortige Stoßtherapie hochdosierten Cortisons war das Gebot der Stunde.

Die USA waren plötzlich weit weg, aber ich hatte wenigstens schon ein paar entwickelte Fotos, die ich mir immer wieder ansah. Wenige Tage nach mir wurde eine junge Amerikanerin in mein Zimmer gelegt, die in Deutschland studierte und ebenfalls Lupus hatte. Wenigstens konnte ich mit ihr Englisch sprechen …

Nichts hilft mehr

»Was nimmst du denn da?«

»Mein übliches Frühstück.« Mit leicht verlegenem Lächeln erklärte ich meinen Kommilitonen, dass ich täglich Tabletten gegen eine chronische Erkrankung nehmen müsse. Den Versuch, zu erklären, um welche Krankheit es sich handelte, unternahm ich erst gar nicht. Mittlerweile hatte ich gelernt, dass ich zwar Mitleid erregte, aber im Grunde niemand meine komplizierte Erkrankung begreifen konnte.

»Was denn, so viele Tabletten?«

Zahllose runde, längliche und ovale Tabletten hatte ich nach und nach mit Mineralwasser runterzuspülen. Eigentlich war es mir überhaupt nicht recht, dass die anderen Studenten mitbekamen, dass ich auf einen solchen Medikamentencocktail angewiesen war. Aber das ließ sich nicht vermeiden: Da wir alle zusammen für eine Seminararbeit eine Exkursion zur Schlossmühle von Naunhof in der Nähe von Leipzig machten, übernachteten wir in der Jugendherberge und konnten uns nicht immer aus dem Weg gehen.

Ich spielte die Angelegenheit mit einigen saloppen Sätzen runter.

Plötzlich konnten alle darüber lachen und jeder kannte jemanden in seiner Verwandtschaft, der auch von Medikamenten abhängig war. »Meine Großmutter muss auch so viele Tabletten nehmen.«

Diese Aussage hatte schon einen bitteren Beigeschmack, denn ich war keine alte Frau.

Nach meiner letzten Entlassung aus der Charité, wo ich drei Wochen lang meinen dritten schweren Schub auskuriert hatte, war ich nach Weimar zurückgekehrt. Die Uni hatte meinen Antrag auf Verlängerung der Zulassung zum Hauptstudium akzeptiert, weil ich meine Statikprüfung krankheitsbedingt nicht ablegen konnte. Diese Verlängerung ermöglichte es mir, mich endlich auf meine Vertiefung zu konzentrieren, die Denkmalpflege. Mit der Erstellung eines schlüssigen Nutzungskonzeptes und einem passenden Entwurf zur Doppelburganlage der Brandenburg bei Eisenach war ich wieder in meinem Element – ausgeglichen, voller neuer Ideen. Die Krankheit war weit weg, wie die Erinnerung an einen Traum, aber doch unbewusst gegenwärtig.

Bis zum Februar 2000 schlug ich mich wacker; aber dann zwangen mich Fieberattacken ins Bett und der denkmalpflegerische Entwurf konnte nicht abgeschlossen werden. Ich kämpfte jeden Tag mit Muskelschmerzen im ganzen Körper. Im Brustkorb fühlte ich bei jedem Atemzug einen Schmerz, der sich wie eine Würgeschlange enger und enger zog. Wenn ich auch nur eine Kleinigkeit gegessen hatte, setzte Herzrasen ein und ich musste mich hinlegen. Ich war unsagbar träge und doch voller Tatendrang; das Semester wartete nicht auf mich.

Während ich bei meinen Eltern war, setzten Schmerzen in der Herzgegend ein und mein linker Arm schien taub zu werden. Ich bekam Angst und rief verzweifelt Dr. Wolbart an. Während der zehn Minuten, die wir miteinander telefonierten, beruhigte er mich: »Das kann auch ein eingeklemmter Nerv sein.« Trotzdem riet er mir, mich an meinen Hausarzt zu wenden und die Schmerzen abklären zu lassen; ich übernachtete im Perleberger Krankenhaus.

Auch die Nervenschmerzen kehrten zurück. Sie waren oft so massiv, dass ich in der Uni den Hörsaal verlassen musste und auf dem Gang in Tränen ausbrach, mich zusammenkrümmte und hoffte, alles würde schnell vorbei sein. Gelegentlich kamen andere Studenten oder Professoren vorbei. In diesen Momenten straffte ich meinen Körper und biss die Zähne zusammen, um mir nichts anmerken zu lassen. Helfen hätten sie mir ohnehin nicht können. Waren die unerwünschten Zeugen weg, brach ich wieder zusammen.

Irgendwann entdeckte ich zufällig, dass es half, wenn ich bei diesen Schmerzattacken eine Banane aß und freute mich über diese Entdeckung. Das ständige Kommen und Gehen der Beschwerden wurde zur Gewöhnung und ich erwähnte es gar nicht mehr bei den vierteljährlichen Besuchen in der Charité.

Dann kamen neue Schmerzen hinzu. Es waren auch Nervenschmerzen, aber von einer anderen Qualität. Sie begannen im Kopf und zogen sich über den Nacken in den Rücken. Wenn ich ganz still lag oder saß, dann wurden sie schwächer. Bewegte ich mich allerdings, flammten die Schmerzen mit einer wieder erstarkten Intensität auf, die mich umwarf. Diese Schmerzen wurden jedes Mal von hohem Fieber begleitet.

Trotz all dieser Unannehmlichkeiten meldete ich mich für das Sommersemester zurück und fuhr mit Lars im März eine Woche nach Dänemark. Wir hatten noch Schnee und es war entsetzlich kalt. Aber eben auch schön und ich genoss es, bei Sturm spazieren zu gehen und mit dem Wind die salzige See auf Haut und Zunge zu spüren. In Deutschland hatte uns der Alltag bald wieder eingeholt. Während eines Besuches bei unseren Jenaer Freunden, bei denen wir nahezu jedes Wochenende zu Gast waren, bekam ich wieder Schmerzen in der Brust. Anfangs war es wie immer und ich wartete darauf, dass sie auch so wie immer wieder nachlassen würden. Tatsächlich wurden die Schmerzen stärker. Schließlich beschlossen Lars und ich nach Hause zu fahren. Ich vermutete im schlimmsten Fall eine Rippenfellentzündung, hoffte aber, nur einen Muskelkater zu haben. Zu Hause angekommen, nahm Lars mich auf den Arm und trug mich die Treppe hoch zu unserer Wohnung. Wir lachten und witzelten darüber, ob er das jetzt jeden Tag machen würde.

Aber die Heiterkeit war nur oberflächlich, denn ein wenig Angst blieb.

Nachdem so viele verschiedene Probleme in so kurzer Zeit aufgetreten waren, hielt ich es für besser, eine Durchsicht in meiner »Werkstatt« machen zu lassen. Das Sommersemester hatte gerade erst angefangen und ich rechnete mit dem Verlust von vielleicht zwei Wochen. Das wollte ich wieder aufholen.

So ging ich im April für eine Woche ins Krankenhaus. Aber man fand nichts! Ironischerweise fühlte ich mich – für meine Verhältnisse – auch ganz gut. Nur das Herzrasen und die stechenden Schmerzen in der Brust und der Herzgegend kamen immer mal wieder. Ich versuchte durch kontrolliertes und ruhiges Atmen meinen Puls in den Griff zu bekommen. Autogenes Training half eigentlich bei allem, vor allem kalte Füße konnte ich damit gut kurieren. Aber gegen Herzrasen und beschleunigten Puls half nur Abwarten bis sich alles wieder beruhigte.

An einem Nachmittag aber wurde das Herzrasen so schlimm, dass ich glaubte, ohnmächtig zu werden. Ich schleppte mich zum Schwesternzimmer, in dem sowohl die Ärzte als auch die Schwestern zur nachmittäglichen Übergabe und Besprechung zusammensaßen. Ein Arzt führte mich zurück in mein Zimmer. Der Ruhepuls, den er maß, war über 100. Das war eindeutig zu hoch, aber dieser Tatsache schenkte niemand Beachtung.

Schließlich kam ein Psychiater zu einem Gespräch mit mir auf die Station. Der Doktor unterhielt sich kurz mit mir, es war ein sachliches Gespräch über den Grund meines Aufenthalts.

Dann sagte der Psychiater: »Nein, ich halte Sie nicht für einen Hypochonder.«

Mir blieb die Spucke weg. Berge von Akten füllte meine Krankengeschichte in der Charité! Mit welchen Krankheiten ich hier schon gelegen hatte! Aber wegen des Herzrasens hielt man mich für eine eingebildete Kranke.

Nach einer Woche saß ich wieder im Hörsaal. Ich klammerte mich an mein Ziel. Das hieß eigentlich nicht, gesund zu werden; ich wusste, das war nicht möglich. Es ging um die kleinen Schritte, zum Beispiel das Herzrasen loszuwerden. Eben einfach darum, die Krankheit in den Griff zu bekommen und die Abhängigkeit von den Medikamenten zu verlieren. Arbeiten zu können, Dinge tun, die Spaß machen, für die ich das anstrengende Studium gewählt hatte: Geschichten hören, die alte Gebäude erzählen, sie berühren und wie einen Kranken heilen, für sie nur das Beste tun, oder sie zu Grabe tragen.

Ich wollte mir durch ständige Zweifel nicht die Zuversicht nehmen, dass sich all das erfüllen würde. Irgendwann. Mir war klar, die Rückschläge würden wiederkommen. Ich hatte Angst zu versagen und ich hatte Angst vor dem, was die Zukunft für mich bereithielt. Ich hatte Angst vor jedem neuen Schub, Angst davor, meine Träume nicht wahr machen zu können und ich wusste, dass ich unter den bestehenden Umständen nie ein eigenes Kind haben würde. Andererseits wollte ich Lars und meine Eltern nicht belasten und konnte doch oft nicht anders, als mich bei ihnen auszuheulen und mich in ihre offenen Arme zu flüchten.

Aus den Tiefs erwuchsen neue Hochs; jede Niederlage bot gleichzeitig Grund für den Optimismus zu einem neuen Aufbruch. Ich bastelte mir ein Motto zurecht: Wenn ich schon oben bin, kann ich nichts mehr erreichen, also muss ich wieder runter. Ich denke, ich war nicht stark, sondern trotzig, wie ein kleines Kind: Wenn ihr nicht wollt, dann werde ich euch zeigen, wie es geht.

Meine Triebfeder war die ständig neue Selbsterfindung und die Tatsache, dass alles Negative auch eine positive Seite hat. So habe ich die Krankheit auch ausgenutzt. Ich war nicht immer ein fleißiges und strebsames Bienchen, das nur dann nicht arbeiten konnte, wenn es ihm wirklich schlecht ging. Es gab auch Tage, an denen ich einfach nur faul war und mir sagte: Gemach Mädchen, du darfst dich nicht übernehmen, denn du bist krank und darum bleibst du heute im Bett. Dann habe ich mich umgedreht und weitergeschlafen.

Wenn ich heute an diese Zeit zurückdenke, dann weiß ich, dass ich eigentlich kurz davor war, zu resignieren. Ich wollte es mir damals nur nicht eingestehen.

Und dann kam der Juli jenes tückischen Jahres. Die Schmerzen in der Herzgegend wurden so unerträglich, dass ich mich nicht einmal mehr traute, meine Arme zu bewegen: Mitten in der so wichtigen Uni-Zeit musste ich wieder nach Berlin.

Der dritte große stationäre Aufenthalt innerhalb von zwölf Monaten! Der Abstand, mit dem die Schübe kamen, war mit einem Mal nur wenige Monate kurz.

Freitag, 28.7.2000
Ich liege mal wieder hier in Berlin im Krankenhaus. Seit September letzten Jahres geht es jetzt bergauf und bergab und eigentlich weiß nicht nur ich nicht mehr, was ich davon zu halten habe. Den Ärzten geht es nicht anders. Ergüsse haben sie festgestellt, Wasser in der Lunge, im Zwerchfell oder Rippenfell. Und statt durch Stoßtherapie eine Besserung zu erreichen, wird es immer schlimmer. Montag ist nach bisher zweimaligem Röntgen wieder eine Aufnahme angesagt.

Das Cortison wird nun abgesetzt oder doch wenigstens soweit reduziert, dass es nicht mehr gespritzt wird.

Ich fühlte mich so weit gut, aber die Schmerzen nahmen doch immer mehr zu. Dabei war ich optimistisch. Mein Aufmaßpraktikum steht vor der Tür. Es ist doch immer das Gleiche. Im September wollte ich mit der Arbeit für das Sonderforschungsprojekt anfangen. Bis dahin werde ich es wohl geschafft haben!

Aber ich habe Angst! Es muss nichts Schlimmes sein, Lungenentzündung vielleicht. Aber was ist, wenn nicht?! Wenn am Montag nichts Eindeutiges auf der Lunge zu finden ist, dann findet eine Bronchoskopie statt. Oder vielleicht Schläuche in die Lungen und dann Wasser absaugen?

Ich will doch einfach nur Ruhe haben, ein normales Leben führen, oder so weit wie möglich. Wie soll denn die Zukunft aussehen! Muss ich auf alles verzichten?

Jetzt werde ich wieder Ärger haben in der Uni! Gestern hätte ich Statik schreiben müssen und ich war so gut darauf vorbereitet. In der Uni interessiert keinen, ob man krank ist oder nicht.

Ich muss mich einfach durchsetzen! Aber wie lange werde ich noch die Kraft dazu haben?

Ich weiß nicht, inwieweit ich meine Familie darüber

aufklären sollte, wie es um mich steht, ich weiß noch nicht einmal selbst, wie es um mich steht. Vielleicht mache ich sie damit auch nur verrückt. Was ist, wenn ich sterben sollte? Ich liebe das Leben viel zu sehr, als dass ich gehen will!

Nach den aufwändigen Untersuchungen war zumindest klar, woher die seit der USA-Reise immer wieder auftretenden Schmerzen im Brustbereich kamen und dass ich mir mein Herzrasen nicht eingebildet hatte: In der Lunge war Wasser gewesen. Auch im Herzbeutel hatte sich Wasser gesammelt, was die Schmerzen am Herzen verursachte. Damit sich solch ein Desaster nicht wiederholte, brachte eine Physiotherapeutin mir Übungen bei, mit denen ich lernte, meine Lunge richtig zu belüften. Außerdem erhielt ich eine Art Atemtrainer, ein Gerät, mit dem ich drei Bälle ansaugen und drei Sekunden lang an einer Stelle halten sollte. Ich probierte es – und nicht ein Ball bewegte sich. Als Lars mich besuchen kam, machte er die gleiche Übung. Mit Leichtigkeit saugte er die Bälle bis an die höchste Stelle der Messskala an und hielt sie natürlich viel länger als drei Sekunden dort.

War das ein Grund, frustriert zu sein? Nein, mich spornte das an und ich übte in einem fort, bis die Bälle meinem Atem folgten. Zumindest ein Stück weit.

Vor dem Krankenhausfenster lockte der Berliner Sommer. Meine Freundin Anka besuchte mich, und wir gingen hinaus, dorthin, wo die Menschen keinen Gedanken an Krankheiten verschwenden mussten. Wir fuhren zur Wilmersdorfer Straße, wo sich ein Kaufhaus ans andere reiht. Anka schenkte mir einen hübschen Cordhut, der mir nach meiner Entlassung als Glücksbringer dienen sollte.

Ich trug ihn, als ich – drei Wochen nach meiner Einlieferung – in der ersten Augustwoche wieder entlassen wurde.

Mein Weg führte mich direkt ins Aufmaßpraktikum, dessen erste Woche ich verpasst hatte. Ein teilweise verfallenes Rittergut, von einer jungen Familie erstanden, sollte wieder aufgebaut werden.

Das Praktikum war ein wenig wie Ferien! Wir schliefen in Schlafsäcken auf dem noch nicht fertig ausgebauten Dach der alten Stall- und Scheunengebäude. Frühstück, Mittag, Kaffee und Abendbrot gab es im Sonnenschein auf dem weitläufigen Hof und dazu selbst geerntetes Obst und Gemüse, hin und wieder auch eine Flasche Wein. In der Nähe gab es einen Badesee und Wälder. Ich konnte herrlich spazieren gehen und vergessen, was mich bedrückte.

Im Wintersemester 2000/2001 lief meine Regelstudienzeit ab; ich sah keine andere Möglichkeit, als mich gewaltig anzustrengen. Außerdem hatte ich Jobs an zwei Lehrstühlen gefunden, die für meine anschließende Laufbahn wichtig werden konnten: Der eine war am Lehrstuhl für Denkmalpflege, worauf ich sehr stolz war. Der zweite war eine Stelle als studentische Hilfskraft im Sonderforschungsbereich »Revitalisierung von Gebäuden«. Diese Stelle passte wunderbar in meine Vertiefungsrichtung. Außerdem bot sich jetzt durch das Praktikum endlich ein Einstieg zu einer eventuellen universitären Karriere.

Von dem Ehrgeiz getrieben, meine Arbeit ausgezeichnet zu machen, viel zu lernen und mein Studium wie vorgesehen zu beenden, schleppte ich mich durch den halben Oktober, in dem ich ganze Tage an der Uni verbrachte und am Ende nichts erreicht hatte. Lars war in diesen beiden Wochen in den USA zu Besuch bei seinen Eltern. Und mir ging es immer schlechter. Schließlich wurden die Nervenschmerzen so schlimm, dass ich einen Notarzt rufen musste. Die Ärztin, die seither meine Hausärztin ist, gab mir intravenös Schmerzmittel und schrieb einen Einweisungsschein fürs Krankenhaus aus.

Ich suchte und fand Gründe, das wieder einmal Unausweichliche aufzuschieben: Die Messergebnisse des Rittergutes mussten in den Computer übertragen und ausgewertet werden – es ging also nicht nur um mich, sondern auch die Arbeit meiner Kommilitonen. Und wenn ich ins Krankenhaus ging, wie sollte dann Lars erfahren, was los war ...? Also schleppte ich mich durch die Tage und trat doch nur auf der Stelle.

Als Lars endlich wieder aus den USA zurück war, vereinbarte ich einen Termin bei Dr. Wolbart. Wieder fuhren Lars und ich zuerst nach Perleberg zu meinen Eltern, um am nächsten Tag nach Berlin weiterzufahren. Doch daran war nicht zu denken! An jenem Morgen kauerte ich, fiebernd in eine Decke gehüllt, im Ohrensessel und hoffte, dass die unerträglichen Nervenschmerzen durch noch immer mehr Tabletten so weit vertrieben wurden, dass ich mich bewegen konnte. Ich rief bei Dr. Wolbart an und sagte den Termin ab.

»Erhöhen Sie die Cortisondosis« riet er, »und dann fahren Sie zu einem Neurologen.«

Ich setzte das Cortison also rauf, und nach einer halben Stunde schlugen auch die Schmerztabletten an. Als ich beim Neurologen eintraf, glaubte ich zu schweben ... Was der Nervenarzt empfahl, bekam ich kaum mehr mit. Am nächsten Tag brachte mich Lars in die Charité. Es war der 15. Oktober.

Dr. Wolbart hatte bereits ein Bett organisiert. Er kannte das ja von mir: Meine Beschwerden begannen und ich wusste, dass sich ein neuer Schub ankündigte. Doch ich hoffte jedes Mal aufs Neue, es würde von allein vorübergehen und dass ich mich getäuscht hatte.

Zwei Wochen, drei? Wie lange würde dieser Aufenthalt dauern?

Dieses Mal hatte ich wirklich keine Zeit, krank zu sein! Zwei Jobs warteten auf mich. Außerdem durfte ich die Statikprüfung wiederholen und damit die Voraussetzung für die Fortsetzung eines ordentlichen Studiums schaffen. Und natürlich die Ergebnisse des Praktikums und außerdem die unseres Seminars im ökologischen Bauen! Da hing nicht nur meine Note dran, sondern auch der Seminarschein von drei Kommilitonen.

Zu Hause lag so viel Arbeit – und ich in einem Krankenhausbett.

Die Ärzte erhöhten das Cortison und ich sah die Ratlosigkeit in ihren Gesichtern. Mein Wolf ließ sich durch das Cortison nicht mehr beeindrucken, er schien regelrecht resistent geworden zu sein. Die Ärzte standen um mein Bett und beratschlagten. Ich war immer noch zuversichtlich, dass sie eine Lösung finden würden. Vertrauensvoll wie ein kleines Kind wartete ich auf ihre Vorschläge. Schließlich war ja sogar Professor Hiepe, der Vordenker der ganzen Ärzteschar, erschienen!

Ganz allmählich dämmerte mir, dass nicht mehr half, was man bislang bei mir probiert hatte. Hier ging es nicht mehr um zwei Wochen, die ich in der Charité bleiben musste. Auch nicht um drei. Es ging darum, dass ich überhaupt wieder herauskommen würde. Das wurde mir klar, als Professor Hiepe – nicht etwa während der allmorgendlichen Visite, sondern ganz unvermittelt – in Begleitung jener Ärztin, die mir während meines Nierenschubs geholfen hatte, an mein Bett trat.

»Wir denken, dass in Ihrem Fall eine Stammzelltransplantation die einzige Lösung ist.«

Die letzte Chance

Gilt eine chronische Erkrankung als »unheilbar«, lebt man als Patient mit der ständigen Hoffnung, dass die Forschung dieses schicksalhafte Urteil eines Tages aufhebt. Dr. Wolbart hatte Lars und mir gegenüber dafür den ironisch gemeinten Begriff von der »rosaroten Pille« gefunden, in dem sich Lars' und meine Hoffnungen seitdem bündelten.

Bevor ich mit Lars in die USA geflogen war, hatte Dr. Wolbart unbewusst dieser »rosaroten Pille« einen Namen gegeben: Stammzelltransplantation. Damals wusste ich nicht genau, worum es sich dabei handelte. Aber Dr. Wolbart hatte mir sogleich erklärt: »Nein, für Sie ist das nichts!« Danach war das Thema für mich in Vergessenheit geraten.

»Wir denken, dass in Ihrem Fall eine Stammzelltransplantation die einzige Lösung ist«, sagte Professor Hiepe nun an meinem Krankenbett. Er sagte nicht, dass es die letzte sei. Und so kam es bei mir auch nicht an. Zwar bin ich, sofern es um meinen Beruf geht, ein analytisch denkender Mensch. Was damals meine Krankheit betraf, so bewältigte ich sie jedoch zu meinem eigenen Schutz weniger mit Logik als mit Gefühlen. So war mir auch jetzt die Aussichtslosigkeit einer weiteren Therapie mit den mir bekannten Mitteln bewusst. Doch entscheidend an Professor Hiepes »rosaroter Pille« war das positive Gefühl, das sie in mir weckte: Ich wurde kribbelig und nervös, ganz aufgeregt.

Ich spürte: Die Stammzelltransplantation ist es! Ich brachte sie in Verbindung mit der Knochenmarktransplantation, die angewandt wird, um Leukämie zu heilen.

Eine Heilung bei Lupus? Sollte das doch noch möglich sein?!

Während all das durch meinen Kopf geisterte, erklärte der Professor mir gewiss noch etwas von dem, was auf mich zukäme. Ich dachte in diesem Moment an Dr. Wolbart, zu dem ich über die Jahre so großes Vertrauen aufgebaut hatte und fragte, ob ich ihn dazu sprechen könnte. Der Professor, Leitender Oberarzt der Rheumatologie und Klinischen Immunologie und ein auf internationalen Fachkongressen geschätzter Experte, war leicht verwundert: Dr. Wolbart wäre nur für die Ambulanz und nicht für Entscheidungen auf der Station zuständig.

Nachdem der Professor gegangen war, rief ich Dr. Wolbart an. »Wenn der Professor eine Stammzelltherapie vorschlägt, können Sie sich darauf verlassen, dass er das Richtige vorhat«, sagte er.

Das beruhigte mich und ich ging davon aus, dass solch eine wohl doch recht aufwändige Therapie irgendwann einmal gemacht werden würde. Vielleicht in einem halben Jahr, nach meinem Geburtstag, zum Beispiel. Immer noch war ich überzeugt, in absehbarer Zeit wieder nach Weimar zurückzukönnen. In mein Leben.

Die akribisch recherchierende Studentin, die ich war, bat eine der Schwestern um Informationsmaterial über die Stammzelltransplantation. Dann unterhielt ich mich angeregt mit den anderen Patientinnen in meinem Zimmer. Kurze Zeit später trat eine junge Ärztin an mein Bett.

»So, Fräulein Elstner, hier habe ich das Material, das Sie bei der Schwester bestellt haben«, sagte sie freundlich.

»Welches Material?«, fragte ich.

»Über Ihre Stammzelltransplantation«, erwiderte sie.

»Meine was?«, fragte ich.

»Haben Sie das Material denn nicht bestellt?«, erkundigte sie sich leicht irritiert.

Ich merkte, dass etwas nicht stimmte. Nicht mit der Ärztin. In meinem Kopf lief wieder ein Prozess ab, den ich schon ein paar Mal erlebt hatte.

Meistens hatte ich dabei den Eindruck gehabt, eine Art von Parallelwelt schöbe sich in die Gegenwart. Ich hatte dann geglaubt, mich an Dinge zu erinnern, die aber in Wirklichkeit nie stattgefunden hatten. In solchen Situationen hatte ich Angst, den Verstand zu verlieren, da ich keinen klaren Gedanken mehr fassen konnte. Die Verbindung, die das Erinnern an gerade Vergangenes normalerweise darstellt, war dann unterbrochen. Aber sie hatte sich immer wieder herstellen lassen. Nur während der Reise in den USA war es so gewesen wie jetzt, als die junge Ärztin mir Infozettel über die Stammzelltransplantation überreichen wollte, mit denen ich nichts anzufangen wusste.

Das Auftreten der Ärztin löschte schlagartig die Erinnerung an die vorangegangenen Stunden aus. Obwohl ich mich Minuten vorher noch mit den anderen Patientinnen hatte unterhalten können.

Heute kann ich mich zwar wieder an diese Zwischenzeit erinnern. Aber es kommt mir unwirklich vor. So, als hätte ich darüber gelesen und wäre nicht selbst daran beteiligt, mit all meinen Gefühlen und Empfindungen.

Ein paar Minuten nach diesem Blackout kamen Prof. Hiepe und die Stationsärztin zu mir. Sie wirkten besorgt. »Wie heißen Sie? Welcher Tag ist heute?«, fragte der Professor.

Meinen Namen hatte ich auch zuvor gewusst, aber das

Datum nicht. Im Krankenhaus verliert man darüber schon leicht mal den Überblick …

War es der 24. oder der 25. September?

Ich dachte angestrengt nach: Es war gar nicht mehr September, das Semester hatte ja bereits wieder angefangen, also musste es Oktober sein, also der 24. oder 25. Oktober. Frei geraten …

Die Ärzte schauten mich skeptisch an.

So richtig konnte ich mich nur an den vergangenen Sommer erinnern und an das Aufmaßpraktikum in dem verfallenen Rittergut der jungen Familie, aber eben nicht an das heutige Datum.

Plötzlich ging alles recht schnell: Mithilfe einer Kernspin-Tomographie (auch MRT genannt) wurde festgestellt, dass sich auf meinem Gehirn neue Entzündungsherde gebildet hatten. Die Cortison-Dosis wurde weiter erhöht und mein Zustand besserte sich.

Das MRT hatte meinen wahren Zustand an den Tag gebracht: Zuletzt hatte der Wolf gleichzeitig nach Organen wie Nerven und Muskeln geschnappt, doch jetzt griff er an mehreren Stellen gleichzeitig an, die Vitalfunktion haben – Herz, Lunge, Nervensystem und Gehirn. Organe, die das Überleben ermöglichen.

Die Mediziner nennen ihn in ihrer abstrakten Sprache deshalb »systemisch«, weil er nicht nur ein einzelnes Organ – beispielsweise die Niere – zerstört. Was allein schon schlimm genug ist.

Jetzt hatte sich der Wolf entscheidender Schaltstellen meines Körpers bemächtigt, er hatte gewissermaßen das »System« als Ganzes angegriffen. »Systemisch«, das bedeutete nun für mich akute Lebensgefahr. Meinen Tod konnten die Ärzte zu diesem Zeitpunkt zwar noch mit höchstdosierten Medikamenten verhindern – allerdings nur für einen begrenzten Zeitraum. Das sagten sie mir jedoch nicht, niemand sprach vom Tod, sondern nur von einer möglichen Therapie.

Ich rief Lars an und erzählte ihm alles. Besonders von der Stammzelltransplantation. »Tu es«, sagte er. »Das ist deine Chance. Das ist die rosarote Pille, Kerstin.«

Lars wusste nichts über die möglichen Risiken der Therapie. Er wollte es auch nicht wissen. Das erscheint vielleicht schwer verständlich. Bei meinem ersten Besuch in seiner Göttinger Studentenbude hatte ich, die 18-Jährige, ihm erzählt, dass ich krank bin und er hatte geantwortet: »Ich tue alles, was in meiner Macht steht, um dir zu helfen.«

Inzwischen waren fünf Jahre vergangen und wir beide hatten einsehen müssen, dass es nur eine Sache gab, die damit gemeint sein konnte: In Lars durfte nie ein Zweifel keimen. Um mir den Rücken stärken zu können, musste er überzeugt sein, dass alles gut ging.

Ich traf Prof. Hiepe zu einem weiteren Gespräch. »Gut,« sagte ich, »ich stimme der Stammzelltransplantation zu. Kann das im März gemacht werden?«

»Frau Elstner, ich kann Sie mit einer täglichen Cortison-Dosis von 100 bis 150 Milligramm nicht entlassen. Und wenn wir runtergehen, kommt der Lupus sofort zurück. Ihre Organe sind bereits zu stark geschädigt. Wenn wir die Therapie machen, dann jetzt.«

»Ich kann vorher nicht zurück und alles erledigen?«

»Sie haben doch bestimmt Freunde oder die Familie, die Ihnen dabei helfen können«, schlug der Professor vor.

Während er nun den Zeitplan in groben Zügen umriss, wurde mir klar, dass er und sein Stab alles längst geplant hatten: In den folgenden drei Wochen würde ich umfangreichsten medizinischen Tests unterzogen werden. Gegen Ende November würde die erste Phase der eigentlichen Therapie mit der Entnahme der Stammzellen folgen. Wenn alles gut ging, könnte ich dann für kurze Zeit nach Hause, damit anschließend mit der eigentlichen Transplantation begonnen würde, die nochmals mehrere Wochen in Anspruch nahm. Weitere Komplikationen ausgeschlossen, würde ich danach entlassen werden. Vielleicht im Februar?

Ich rechnete nach: Am 15. Oktober war ich eingeliefert worden. Jetzt war vom Februar die Rede. Ein ganzes Semester …

Das Wort Patient kommt aus dem Lateinischen und enthält das Adjektiv »geduldig«. Wenn ich jemals etwas nicht war, dann das. Denn geduldig zu sein, bedeutet sich zu fügen und den Lauf der Dinge zu akzeptieren. Seitdem ich die Diagnose erfahren hatte, hatte ich mit dem Wolf und den Ärzten gleichermaßen um kleine Freiheiten gerungen.

Der feste Blick des Professors machte mir deutlich, dass ab sofort Geduld gefordert wäre. Was nicht heißen konnte, dass ich bereit war, mich auf meine Rolle als Patientin zu beschränken. »Draußen«, vor den Mauern der Klinik, ging das Leben weiter. Dorthin wollte ich wieder zurück; also musste das »Draußen« in irgendeiner Weise in den Klinikalltag integriert werden.

Da ich selbst nun an das Krankenhaus gefesselt war, bat ich Lars, mich an der Uni für ein Urlaubssemester abzumelden. Daraus folgte, dass Sozialhilfe und Wohngeld beantragt werden mussten, denn meine 905 Mark BAföG bekam ich ja während meines »Urlaubs« nicht. Mit einer Vollmacht, die ich ihm ausstellte, erledigte Lars diese Wege, wobei ich ihn am Telefon fleißig mit Ratschlägen versorgte. Wieder einmal erwies er sich als der wesentlich Geduldigere von uns beiden. Auch die Lehrstühle an der Universität mussten informiert, Um- und Abmeldungen geschrieben werden. Darüber hinaus fiel mir siedend heiß ein: Für die Vierergruppe, mit der ich gemeinsam eine Arbeit über ökologisches Bauen vorbereitet hatte, hatte ich Berge von

Material zusammengetragen. Auf meinem Computer in der Uni waren dazu Daten gespeichert, an die nur über ein Passwort heranzukommen war; diese Aufgabe musste einer Freundin übertragen werden. Dann brachte Lars die Ausdrucke in die Charité. Noch in diesem Jahr musste die Arbeit abgegeben werden!

Inzwischen hatte ich meine Eltern angerufen und sie gebeten, mich in Berlin zu besuchen. Auf die hohe Cortison-Dosis eingestellt, durfte ich eigentlich nicht mal die Charité verlassen. Dennoch traf ich mich mit meinen Eltern nicht weit entfernt vom Krankenhaus in einem kleinen Restaurant zum Essen. Mir war es wichtig, diesen Anschein von Normalität aufrecht zu erhalten, auch wegen meines Vaters, der Krankenhäuser nicht mochte. Obwohl die Entscheidung getroffen war, holte ich die Meinung meiner Eltern ein.

»Wenn du glaubst, dass es dir helfen kann, dann tu es«, sagte Papa.

»Du bist in der Charité in guten Händen«, sagte Mama. »Die Ärzte wissen, was sie tun.«

Zu diesem Zeitpunkt wusste meine Mutter seit zwölf Jahren, dass sie Lupus hat. Fast 20 Jahre lang litt sie bereits mal mehr, mal weniger stark an verschiedenen Symptomen. Ein Leben mit Schmerzen, ein Leben mit Enttäuschungen, die aus verpassten Chancen erwuchsen. Konnte sie sich vorstellen, dass die Ärzte mich, der sie ein besseres Schicksal wünschte, tatsächlich vom Lupus befreien konnten?

Schließlich besuchte mich Anka. Meine engste Freundin blieb mit beiden Beinen auf dem Boden: »Diese Entscheidung kann dir keiner abnehmen, Kerstin, und ich kann dir weder zu- noch abraten.« Sie kannte mich gut, wie ihre folgende Bemerkung bewies: »Bei dir habe ich oft das Gefühl, wenn du dich für etwas begeisterst, dann übertreibst du schnell. Versuch, an die Stammzelltransplantation nicht so viel Hoffnung zu knüpfen. Denn wenn die Heilung ausbleiben sollte, dann ist die Enttäuschung umso größer.«

Die Heilung. Sie stand wie die aufgehende Sonne am Horizont, hinter dem mich ein neues Leben erwartete. Über den Weg, der vor mir lag, machte ich mir kaum Gedanken. Ich verdrängte die möglichen Beschwernisse genauso, wie ich die Anzeichen jedes neuen Schubs möglichst lange zu ignorieren versucht hatte. Gewiss, das Informationsmaterial, das ich von Prof. Hiepe erhalten hatte, erwähnte, dass bei einer Stammzelltransplantation mit Eigenspenden die Sterblichkeitsrate nicht so hoch sei wie bei körperfremden Stammzellen.

Sterblichkeitsrate? Ich las wohl über das Wort hinweg. Nicht so hoch? Ich hatte keine andere Wahl, als selbst darin etwas Positives zu sehen.

Die gesamte Dimension des Unterfangens war mir Ende Oktober 2000 nicht einmal ansatzweise klar. Weder was die Kosten betraf – etwa 100.000 Euro. Noch was die Risiken anging. Prof. Hiepe hatte mir neue Hoffnung gegeben, allein das zählte. Dr. Wolbart hatte meine Krankheit einst mit einer defekten Lichtmaschine verglichen, der Professor wollte den ganzen Motor auseinander nehmen ...

Grob vereinfacht ausgedrückt, geht es bei der Therapie darum, die Stammzellen zu entnehmen und zu »reinigen«. Denn aus Stammzellen entstehen schließlich die Immunzellen, deren Aufgabe es ist, den Körper vor Krankheiten zu schützen. Nach der »Wäsche« werden die Stammzellen dem Körper wieder zugeführt, um ein neues Immunsystem aufzubauen. Dazu dürfen keine »unreinen« Stammzellen mehr im Körper vorhanden sein – sie werden zuvor u. a.

mit Chemotherapie abgetötet. Das »neue« Immunsystem soll sich nicht mehr an die Überfunktion des »alten« erinnern können.

Das Schema klingt simpel und einleuchtend, setzt aber voraus, dass die Ärzte es mit einem Patienten zu tun haben, dessen Körper sie genauestens kennen.

Die »Kennenlern-Phase« war deshalb die erste: In meinem Krankenbett wurde ich kreuz und quer durch die Charité chauffiert, um von den unterschiedlichsten Ärzten von Kopf bis Fuß durchgecheckt zu werden.

Richtig Angst hatte ich vor der Untersuchung des Herzens per Katheter. Bevor so etwas gemacht wird, bekommt man ein Formular vorgelegt, in dem die Risiken erwähnt werden. Darin steht klipp und klar, dass bei aller gebotenen Vorsicht Gefäße zerstört werden können, was zu inneren Blutungen führen kann. Mit anderen Worten, das ist lebensgefährlich. Und dem muss man zustimmen.

Das klingt vermutlich sehr abschreckend. Doch wessen Leben bereits an einem seidenen Faden hängt, den beeindruckt das Wort Lebensgefahr nicht mehr. Ich vertraute der Kunst der Ärzte, sagte mir, dass das Risiko einer solchen Untersuchung wesentlich kontrollierbarer ist als die willkürlichen Angriffe des Wolfes. Hinzu kommt, dass bei aller Angst, die ich natürlich um mein Leben hatte, ich es oft mit Ärzten zu tun hatte, die ich von früheren Aufenthalten oder Untersuchungen kannte.

»Ach, Frau Elstner, wir kennen uns ja schon!« So begrüßte mich der Chefarzt in der Kardiologie, als ich in den Untersuchungsraum gefahren wurde. Der Herzspezialist hatte vor nicht allzu langer Zeit schon ein Belastungs-EKG bei mir gemacht.

Ich wurde auf den Untersuchungstisch gelegt. An der Decke hingen Monitore. »Da können Sie gleich zusehen, was wir mit Ihnen machen«, versprach mir der Kardiologe. Er erklärte mir sein Vorgehen und was er täte, wenn dabei etwas schief ginge. Nach einem Schnitt in die Leiste wurde eine haarfeine Sonde durch die Arterie bis ins Herz geführt. Bei dieser Gelegenheit wurde meinem Lebensmuskel zusätzlich eine winzige Gewebeprobe entnommen.

Man sagt manchmal so salopp: Ich glaube, mein Herz bleibt stehen. Bei dieser Gelegenheit tat meines das wirklich, jedenfalls für einen Augenblick. Und ich erfuhr, dass ihm das nichts ausmachte. Möglicherweise freute es sich sogar, dass endlich ein Spezialist nach dem Rechten sah. Denn die Analyse der Gewebeprobe erbrachte später, dass mein Herz vom Lupus betroffen war, was zu Herzrhythmusstörungen geführt hatte – es brauchte also dringend Hilfe, um weiterhin schlagen zu können.

Auch den Hämatologen unter der Leitung von Frau Professor Renate Arnold wurde ich vorgestellt, damit diese sich intensiv mit meinem Blut beschäftigten. Einer der Ärzte erwähnte mögliche Komplikationen bei der Stammzelltransplantation, die zum Tode führen könnten. Überdies würde die wirkliche Gefahr für mich erst nach Erhalt der »gewaschenen« Stammzellen beginnen. Dann, wenn mein Körper unsichtbaren Angreifern ausgesetzt sein würde, die in der Atemluft, an Gegenständen oder beispielsweise auch dem Essen lauerten. Mein Körper wäre solange schutzlos, bis die »gewaschenen« Stammzellen neue Immunzellen gebildet haben; ihre Aufgabe ist es, den Körper vor Keimen, Viren und Bakterien zu schützen.

Er wies mich auf ein weiteres Risiko hin: Es bestand die Möglichkeit, durch die Behandlung steril zu werden. Mein großer Wunsch, ein eigenes Kind bekommen zu können, würde dann für immer unerfüllt bleiben.

So viele Jahre schon nahm ich Medikamente. Keines kam ohne ellenlangen Beipackzettel aus, eine Schwangerschaft war bei keinem erwünscht … Ich hatte eine risikoreiche Herzkatheteruntersuchung überstanden, was sollte ich mich jetzt noch weiter aufregen? Erstmal ging es darum, zu überleben!

Noch gewährte der Behandlungsablauf mir kleine Freiräume. Ich durfte kurzzeitig das Krankenhaus verlassen, um mich mit Anka zu treffen. Wir gingen karibisch essen und ich trank meinen ersten Mangosaft. Wir unterhielten uns über die Zeit »danach«: Wie würde sich das Leben anfühlen, wenn ich nicht mehr krank war? Wahrscheinlich hatte mich die Krankheit schon so geprägt und verändert, dass ich niemals mehr so leben konnte wie zuvor. Doch wie hatte ich als Gesunde gelebt? Ich konnte mich kaum noch erinnern …

Einst hatte ich gesagt, der Lupus muss mit mir leben. Nun musste er sterben, damit ich leben konnte. Aber ich hatte mich auch an ihn gewöhnt, meinen Verfolger und Peiniger. Durch ihn war ich ein anderer Mensch geworden. Stärker, selbstbewusster, aufgeschlossener. Ich verdankte ihm Einsichten, die ich sonst mit 23 niemals gehabt hätte. Für diesen Gewinn hatte ich allerdings teuer bezahlt, mit Lebensfreude, Unbeschwertheit, Sorglosigkeit, den für immer verlorenen Schätzen der Jugend.

Wenn ich es recht bedachte, musste ich mich nach der Therapie neu erfinden.

Im 20. Stock

In der Mitte Berlins erhebt sich ein großer hellbrauner Kubus, ein schon von weitem gut zu sehender Klotz. 21 Stockwerke hat das so genannte Bettenhochhaus der Charité. In der letzten Etage ist die Haustechnik untergebracht. Der 20. Stock jedoch hatte zur damaligen Zeit einen besonderen Nimbus. Wer hierher verlegt wurde, um den stand es schlecht. Oder, positiv ausgedrückt, mit dem hatten die Ärzte etwas Besonderes vor.

Alle, mit denen ich im Kosmos Charité zu tun hatte, wussten, was mir bevorstand – ein Aufenthalt im 20. Stock. Ich war jetzt wirklich eine Besonderheit, aber inzwischen nicht mehr jung genug, das als Bereicherung oder gar als Ausgleich für die Einschränkungen zu empfinden, mit denen ich zu leben hatte. Andere planten mein Leben – ich war Objekt.

Den Stellenwert, den die mir bevorstehende Therapie für die Wissenschaft hatte, konnte ich damals nicht einschätzen: Bis heute sind auf der ganzen Welt erst 300 Patienten mit schweren Autoimmunerkrankungen mit dieser Art der Stammzelltransplantation behandelt worden. Bis Mitte 2006 unterzog die Charité – meinen Fall inbegriffen – lediglich sieben Patienten und Patientinnen mit SLE und weitere sieben mit anderen lebensbedrohlichen Autoimmunerkrankungen dieser Behandlung.

Damals hatte ich keine Ahnung davon, welch exklusivem Kreis ich angehörte und wie genau die Ärzte das mögliche Risiko abwogen, bevor sie einen Patienten der Therapie unterzogen. Mich beschäftigten andere Sorgen als die Rolle, die ich womöglich für die Medizingeschichte spielte.

Wenn das Krankenhaus schön ruhig war und die Patienten in ihren Betten lagen, saß ich im Aufenthaltsraum, über die Arbeit zum ökologischen Bauen gebeugt. Damit die drei anderen Kommilitonen nicht unter meinem Ausfall zu leiden hatten, schloss ich meine Arbeit so gut es mir möglich war ab. Nun lag es an den anderen dreien, das Beste daraus zu machen. Und das machten sie auch.

Die kleinen Freiheiten, die an frühere Aufenthalte erinnerten, hatten am 21. November 2000 ein Ende. Die Schwestern begleiteten mich im siebten Stock, wo ich bislang in der Rheumatologie untergebracht gewesen war, in den Aufzug; der Lift hielt erst 13 Etagen später. Isolierstation. Noch ging es mir gut, ich war zwar geschwächt, aber auf keinen Fall in einem Zustand, der nach dem Äußersten verlangte, das schon der bloße Anschein des Allerheiligsten versprach.

Die damalige Station 30i wurde intern »die Knochenmarktransplantation« genannt. Hier war ich, weil die Stammzelltransplantation ähnlich funktioniert. Hinter diesen Türen, wo viele Leukämiepatienten lagen, ging es um Leben und Tod, wobei natürlich alle davon ausgingen, dass es nur ums Leben geht und nicht um den Tod. Hätten die Ärzte, Schwestern und Pfleger es anders gesehen, hätten sie ihre Arbeit aufgeben können. Man war hier, um zu kämpfen und zu siegen.

Um diesen Kampf überhaupt gewinnen zu können, ist Hygiene die Grundvoraussetzung: An der ersten Schleuse muss sich jeder Besucher bis auf die Unterwäsche entkleiden, die Straßenkleidung wird in Schränken deponiert und gegen grüne OP-Bekleidung getauscht. Gründliches Händewaschen und Plastikhandschuhe sowie große Plastikschuhe bilden die erste Form der Verwandlung. Nach einer weiteren Schleuse werden die Schuhe erneut gewechselt und ein Mundschutz angelegt.

Auf der Station 30i hatten die Patienten auch gewisse Privilegien. Das Wesentliche war ein Einzelzimmer mit einer High-Tech-Ausstattung, darauf ausgerichtet, einem Kranken all das abzunehmen, was einem gesunden Menschen mitgegeben ist. Dazu kam ein eigenes Bad, direkt vom Zimmer aus begehbar und größer als normal. Angenehm war, ein Bett zu haben, das über so viele Knöpfe verfügt, um es in jede beliebige Lage zu verstellen und das bequemer als die normalen Klinikbetten war. Anfangs spielte ich damit – Beine rauf-, Beine runterfahren. Auf einem Monitor konnte ich verfolgen, wie viel Sauerstoff im Blut war. Ein Luxus, den nicht jeder hat … Wenngleich es durchaus spannend war zu verfolgen, dass irgendwann 90 Prozent Sauerstoff im Blut waren. Das, lernte ich, war zu wenig. Dienstbare Geister in Gestalt immer gutgelaunter Schwestern stellten wieder den Optimalzustand her. Zudem konnte ich auf dieser Station rund um die Uhr kostenlos fernsehen, was auf anderen Stationen nicht möglich war.

Die Schwestern, das muss an dieser Stelle einfach gesagt werden, waren phänomenal. Gerade in heutigen Zeiten, in denen so oft vom Pflegenotstand gesprochen wird, muss ich oft an sie denken. Sie hatten lange Schichten und die Leukämie-Patienten, mit denen sie es zumeist zu tun hatten, brauchten intensive Zuwendung. Auch ich habe ihnen oft das Leben schwer gemacht. Unfreiwillig natürlich, weil ich die Funktionen meines Körpers nicht mehr kontrollieren konnte. Sie blieben angesichts des menschlichen Elends gut gelaunt.

Mir wurde ein Tropf gelegt, über den ich das ungeliebte Endoxan verabreicht bekam. Kurz nachdem ich in Weimar mit dem Studium begonnen hatte, war damit mein Nierenleiden bekämpft worden, und später hatte Dr. Wolbart es abgesetzt, weil es nicht wirkte. Jetzt strömte es in mehrfach höherer Dosierung in meine Vene. Es hatte die Aufgabe, sowohl meine gesunden Zellen als auch die fehlerhaft funktionierenden Immunzellen an Wachstum und Heilung zu hindern. Dieses generelle Unterdrücken des natürlichen Zellwachstums ist nötig, weil bis heute ungeklärt ist, welche Zellen tatsächlich den Systemischen Lupus Erythematodes in Gang setzen.

Bei dieser Art der Chemotherapie sind die Nebenwirkungen vielfältig. Übelkeit kannte ich, aber nachdem ich das Endoxan zwei Tage lang über den Tropf bekommen hatte, fielen mir schon die Haare aus. Grimassen schneidend posierte ich für Ankas Fotoapparat, als ich nur leicht an den Haaren zupfte und sie büschelweise in der Hand hatte.

Meine wechselhafte Karriere als Kranke hatte mich bereits mit diesem Phänomen vertraut gemacht, allerdings nicht in diesem Ausmaß. Beim letzten Mal fielen die Haare zwar aus, aber gleichzeitig wuchsen neue nach. Dieses Mal war ich nach einem einzigen Tag komplett kahl! Ich war überrascht, was für eine Masse von Haaren sich da ansammelte: Die Schwestern gaben mir eine Tüte, in die ich meine schönen Haare packte. Wie kühl es plötzlich am Kopf war! Später trug ich ein Tuch, um nicht zu frieren.

»Bei manchen Chemo-Patienten fallen nicht nur die Kopfhaare aus«, erklärten mir die Schwestern. Das blieb mir erspart, aber ich hätte auch das klaglos in Kauf genommen. Ich war überzeugt, dass meine Haare nach Beendigung der Endoxan-Therapie wieder wachsen würden. Vielleicht war der Haarverlust etwas Ähnliches wie die

Häutung einer Schlange; das gehörte einfach zum Übergang in ein neues Leben dazu.

Eine andere Nebenwirkung von Endoxan ist eine mögliche Schädigung der Harnblase, da giftige Abbauprodukte des Endoxans über den Urin ausgeschieden werden. Deshalb musste ich Unmengen von Wasser trinken, befand mich also ständig auf dem Weg zwischen Bett und Toilette.

Ausgerechnet in dieser Phase besuchte mich Lars mit seinen Eltern, die nur für wenige Tage aus den USA zu einem Deutschland-Aufenthalt angereist waren. Ich, die Schwiegertochter in spe, hatte wieder mal keinen optimalen Auftritt. Ein braun bekittelter, kahlköpfiger Schatten meiner selbst, Zuflucht auf der Toilette suchend. Lars' Vater, der seinerseits den Krebs besiegt hatte, wusste am ehesten einzuschätzen, was ich durchmachte.

Immer wieder checkten die Ärzte mein Blut und sahen, dass die Immunzellen tatsächlich den Rückzug angetreten hatten. Die nächste Phase konnte beginnen: das gezielte Züchten von Stammzellen. Die werden im Knochenmark gebildet und ins Blut ausgeschüttet. Um später möglichst viele der im Verhältnis zur Blutmenge seltenen Stammzellen »ernten« zu können, wird das Knochenmark mit Wachstumsfaktoren zu einer entsprechenden »Überproduktion« angeleitet.

Während sich 20 Stockwerke unter mir das graue Berlin auf Weihnachten vorbereitete, die Menschen üppige Festbeleuchtungen hinter ihren Fenstern installierten, liefen in meinem Körper hoch komplizierte Prozesse ab, von denen ich zumeist nichts mitbekam; ich sah fern, las Bücher und wartete darauf, dass die Zeit verging.

Nur hin und wieder sagte mir mein Körper, dass es handfeste Gründe für meinen Aufenthalt gab. Eines Abends, als ich auf die Toilette ging, wollte ich wieder ins Bett steigen, als mich ein Schmerz anfiel. Hexenschuss, dachte ich. Aber welche Hexe schoss da? War es der Ischiasnerv? Gar ein Bandscheibenvorfall?

Ich klingelte vor Schmerzen stöhnend die Schwestern herbei. Ich muss wohl eine sehr unglückliche Figur abgegeben haben, hing bewegungsunfähig mit steifem Rücken auf halber Höhe über meinem High-Tech-Bett. Die Schwestern konnten sich ein Lächeln nicht verkneifen, während ich verlegen über mein Missgeschick von einem Ohr zum anderen grinste und einen Scherz machte. Ein Arzt wurde gerufen, der mich untersuchte.

»Das ist das Knochenmark, Frau Elstner. Es schüttet gerade Stammzellen ins Blut aus«, sagte der Doktor und gab mir eine Schmerzspritze. Die wirkte kurz darauf und ich konnte mich wieder entspannen.

»Freuen Sie sich, das ist doch ein gutes Zeichen. Dann haben Sie es bald überstanden«, sagte eine der Schwestern aufmunternd.

Die nächste Untersuchung des Bluts ergab denn auch, dass mein Leiden nicht umsonst gewesen war: Was ich als »Hexenschuss« empfunden hatte, war ein vermehrtes Wachstum von Stammzellen in den Knochen gewesen, was zu Beckenschmerzen geführt hatte.

So wurde die »Ernte« der Stammzellen vorbereitet. Sie konnte nur über eine meiner Venen erfolgen und man sagte mir, dass dafür ein Katheter gelegt werden müsse. Ich hatte davor große Angst. »Vielleicht geht es auch ohne«, beruhigte mich der zuständige Spezialist. Es ging natürlich nicht, denn wohl kaum jemand hat so gute Venen, dass sie einer Stammzellentnahme standhalten könnten.

Also kam er, der von mir so getaufte Kathetertag. Es war ein wahres Monster von »Röhrchen«, mit dem der Spezialist an meinem Bett erschien. Über eine Vene in der Schulter wollte er es einführen, sorgte sich dann aber um die Unversehrtheit meiner Lungenspitze und entschied sich, mich auf die kardiologische Station zu bringen.

»Ach, da sind Sie ja wieder«, freute sich der Herzspezialist meines Vertrauens, der mir zuletzt einen Einblick in mein armes Herz gewährt hatte. Er ging zwar sehr behutsam vor, aber dennoch traf er einen Nerv. Es tat höllisch weh und die Narbe davon ist mir bis heute als Souvenir geblieben. Zu allem Unglück konnte die Stammzellentnahme nicht mehr am selben Tag durchgeführt werden; ich musste mit einem dicken Schlauch, der in meine Schulter führte, schlafen. Oder es zumindest versuchen. Entsprechend unausgeruht ließ ich mich am nächsten Morgen um halb acht zum Hauptereignis meines Aufenthalts rollen.

Erst zwei Jahre zuvor, 1998, war in der Hämatologie ein weltweit beispielhaftes Zellsortiergerät mit dem harmlosen Namen »CliniMACS« in Betrieb genommen worden, das durch seine Magnetfelder Stammzellen mit solcher Exaktheit aus allen übrigen Bestandteilen des Blutes herauslösen kann, dass wirklich nur die unbedenklichen Stammzellen später dem Körper zurückgegeben werden. Ohne »CliniMACS« wäre die Therapie also nicht möglich gewesen. An der Charité war ich die vierte SLE-Patientin, bei der sich ein Team von Spezialisten aus allen betroffenen medizinischen Bereichen zu der Therapie entschied.

Natürlich stellt sich hier die Frage, warum eine Therapie, die als Leben rettend erfunden wurde, so selten eingesetzt wird. Die Professoren müssen – wie sie das nennen – eine »sehr genaue individuelle Beurteilung« vornehmen, um sich für oder gegen die Stammzelltransplantation entscheiden zu können. Bei einem SLE-Patienten haben sie folgende drei Kriterien:

1. Wie aktiv ist die Krankheit? Hat der Lupus die Mehrzahl der lebenswichtigen Organe angegriffen, ist dieses

Kriterium erfüllt. In meinem Fall gab die erneute Gehirn-Beteiligung den Ausschlag für die Behandlung.

2. Haben alle konventionellen Therapien versagt? Auch dies war bei mir der Fall – ohne die Transplantation würde ich heute nicht mehr leben.

3. Welche Organschäden hat der Patient/die Patientin? Diese Frage spielt Schicksal: Hat der Lupus Organe wie z. B. die Niere oder das Herz zu stark geschädigt, kann die Therapie nicht durchgeführt werden.

Alle drei Kriterien zusammen scheinen sich bei näherer Betrachtung gegenseitig auszuschließen: Die Patienten müssen »austherapiert« sein, was der Laie als »unheilbar krank« bezeichnen würde. Gleichzeitig muss man gesund genug sein, um die Kräfte zehrende Behandlung überhaupt überleben zu können. Dieser Punkt ist bei schwer chronisch Kranken heikel: Die in vielen Jahren zur Behandlung der diversen Symptome verabreichten Medikamente haben ihrerseits bleibende organische Schäden verursacht. (Als Höchstalter wurde übrigens das 60. Lebensjahr festgelegt.)

Wegen dieser komplizierten Gemengelage hat die Charité sich bislang nur dazu durchringen können, im Schnitt pro Jahr einen SLE-Patienten mit der Stammzelltransplantation zu behandeln. Während die Therapie bei Leukämie ungleich häufiger angewandt wird, weil Blutkrebs im Gegensatz zu SLE nicht zu bleibenden Organschäden führt.

So weit und so sachlich der medizinische Hintergrund. Für Betroffene wie mich sind das jedoch Erwägungen, die über Leben und Tod entscheiden. Wahrscheinlich war es ganz gut, dass ich davon damals nichts wusste. Ich wollte wie so viele andere in hoffnungsloser Lage einfach nur leben, sehnte mich nach der »rosaroten Pille«, die so ganz anders aussah, als ich sie mir vorgestellt hatte.

Ich, die müde Patientin mit dem Schlauch in der Schulter, blickte auf ein Gerät, groß wie ein Schrank, das mein Blut aufsaugte wie ein seit Jahrhunderten hungernder Vampir. Nach einem komplizierten »Verdauungsprozess«, der dem Filtern des Bluts diente, gab ein anderer Schlauch mein Blut wieder frei und zurück in meine Adern.

Auf keinen Fall durfte ich während dieser mehrere Stunden dauernden Blutwäsche einschlafen, denn dann wäre mein Blutdruck abgefallen. Wach zu bleiben war also mein größtes Problem. Ausgerechnet einen Thriller von *Jurassic-Park*-Autor Michael Crichton mit dem bezeichnenden Titel *Timeline* hatte ich dazu erwählt, meine grauen Zellen zu strapazieren. Es geht um Quantenphysik und einen Professor, der bei einer Zeitreise ins 14. Jahrhundert verschwindet und von seinen Studenten gesucht werden muss. Und das tat ich mir auf Englisch an: Wenn meinem Körper schon so viel Aufmerksamkeit widerfuhr, wollte ich meinen Geist schließlich nicht vernachlässigen. Ein mir zur Kräftigung gereichtes Käsebrötchen gab mir die wohltuende Gewissheit, dass es auf dieser Welt jenseits von High Tech und Hochspannung auch noch ganz irdische Dinge gab …

Für mich begann nun eine Phase der Erholung, in der mein Blutbild genauestens kontrolliert wurde. Mein Herz raste gelegentlich immer noch wie verrückt.

Nachdem mir ein entsprechendes Präparat zur Beruhigung gegeben wurde, wachte ich eines Nachts auf und wunderte mich, dass mein Herz so ruhig schlug. Es war ein unglaublich schönes Gefühl, wie eine Befreiung.

Man hatte mir gesagt, dass ich wenige Tage nach der Entnahme wieder nach Hause dürfte – zur Erholung vor der anstrengenden »Phase 2« der Transplantation. Inzwischen war der Nikolaustag vorbei. Zwei Tage später war es so weit: Lars und meine Eltern holten mich ab, um mich nach Perleberg zu bringen. Lars brachte mir eine olivfarbene, dicke Wollmütze mit, die meinen nackten Kopf schützte. Als ich sie zu Hause absetzte, herrschte für einen Moment Schweigen.

»Na, wie sehe ich aus?«

Papa grinste. »Du hast keine Haare mehr«, stellte er fest.

Mein Bruder, der mit seiner Freundin in einer eigenen Wohnung lebte und zu Besuch kam, reagierte allerdings sehr verlegen. Es ist wohl auch nicht einfach, mitzuerleben wie ein Mensch, den man liebt, so gezeichnet ist. Aber ich selbst hielt mich an dem Gedanken fest, dass dies nur eine Phase meines Lebens war. Eine vorübergehende.

»Ich möchte, dass du mich wieder fotografierst«, bat ich meine Freundin Anka. Sie hatte früher schon kunstvolle Fotos von mir gemacht, auf denen ich wie ein Model posierte. Jetzt wollte ich, dass sie den Wandel dokumentierte, den die Chemotherapie in meinem Leben ausmachte. Richtig professionell gingen wir beiden die Sache an. Mit einem grauen Tuch wurde eine Ecke des gut geheizten Zimmers ausgelegt, ein klassisch geformter Stuhl als einziges Requisit gesucht. Ich zog mich aus, denn ich konnte auf Ankas Feingefühl und ästhetisches Empfinden vertrauen. Die Nacktheit sollte die Schutzlosigkeit ausdrücken, nicht mich zur Schau stellen.

Ich war so froh, endlich wieder frische Luft atmen zu können, meine Eltern um mich zu haben und meinen Tagesablauf nicht mehr vom Klinikalltag bestimmt zu wissen. Ich hakte Mama unter und ging mit ihr und dem Hund über die Felder und Wiesen, die an das Haus angrenzen. Es war viel zu warm für die Jahreszeit.

Warum weiß ich nicht, aber es schneit selten in der Prignitz, wenn Weihnachten ist. »Mama,« sagte ich, »wenn wir dieses Jahr weiße Weihnachten haben, dann werde ich wieder gesund.«

Währenddessen froren meine Stammzellen in Berlin: Die Ärzte hielten sie eingefroren bis zu dem Tag, an dem ich sie wiedererhalten würde. Am 3. Januar würde es so weit sein.

In der Zwischenzeit saßen die Hämatologen an ihren Mikroskopen und analysierten meine Blutzellen. Sobald ich meine Stammzellen wiederbekommen hätte, würden sie vergleichen, wie sich meine Immunzellen nun entwickelten. Bis heute ist nicht geklärt, was genau die Immunzellen dazu veranlasst, das Gegenteil dessen zu tun, was ihre Aufgabe ist: Sie zerstören Körpergewebe, anstatt es vor Krankheiten zu schützen. Wäre dieser Prozess erforscht, könnte die Pharmaindustrie Hemmstoffe entwickeln, mit denen die »bösen« Zellen blockiert werden. Autoimmunkrankheiten wie der Systemische Lupus Erythematodes oder auch Multiple Sklerose würden sich dann nicht mehr bis ins Endstadium entwickeln. Allein in Deutschland würde Zehntausenden von Menschen mit dieser Entdeckung geholfen werden.

Bis es so weit ist, müssen allerdings viele Patienten zur Ader gelassen werden. Denn die Wissenschaftler brauchen viel Vergleichsmaterial, um zu einem eindeutigen Ergebnis zu kommen. Es wäre schön, wenn auch mein Blut zur Entwicklung dieser »rosaroten Pille« beitragen könnte.

Weihnachten rückte immer näher. Lars hatte mit seinen Eltern bereits Anfang dieses langen Jahres vereinbart, dass er das Fest bei ihnen in El Paso verbringen wollte. Er hatte angesichts meiner Situation keine Lust auf Ferien und wollte den Flug stornieren, aber im folgenden Jahr lief die Dienstzeit seines Vaters in den USA aus.

»Das ist die letzte Gelegenheit«, bedrängte ich ihn. »Du musst rauskommen aus dieser Situation und entspannen.«

Ich wollte ganz eigennützig, dass er Kraft sammelte, um mir bei der heißen Phase der Therapie beizustehen. So verschwand er für 14 sehr lange Tage.

Am Tag vor Heiligabend war die Prignitz grau und kahl. Mit bangem Herzen dachte ich an meine Abmachung mit den Mächten im Himmel. Und dann begann es am Morgen des 24. Dezember zu schneien. Es hörte den ganzen Tag nicht auf. Mama und ich zogen uns warm an, dann stapften wir hinaus in den dicken weißen Teppich aus Schnee.

Ich legte den Kopf in den Nacken, streckte die Arme nach beiden Seiten vom Körper weg und ließ die Flocken auf mein Gesicht fallen.

Letzte Freiheiten

Dritter Januar 2001 – immer wieder kreisten meine Gedanken um diesen Tag, an dem ich wieder in die Charité musste. Was genau gemacht werden würde, welche Abläufe bei der Rückübertragung der Stammzellen anstanden – ich wollte es nicht wissen. Aber ich wollte, dass dieser Tag endlich käme. Damit ich »es« hinter mich brächte.

Doch dann lag ein Brief im Kasten: »Sehr geehrte Frau Elstner, die Transplantation muss aus technischen Gründen auf dem 29. Januar verschoben werden.«

Aus vier Wochen Warten sollten also acht werden! Auf etwas zu warten, das man ertragen muss, aber nicht wirklich erleiden will – das zerrte an meinen Nerven. Zu Hause bei meinen Eltern fiel mir die Decke auf den Kopf, Lars war noch in den USA. Kurzerhand fuhr ich zu einem Perleberger Architekturbüro, dessen Eigentümer ich kannte.

»Was ist mit dir denn los?«, lautete die unvermeidliche Frage an den Glatzkopf, der ich nun mal war.

»Ich habe eine Wette verloren«, scherzte ich, rückte dann aber doch mit der Wahrheit heraus und dem dringenden Bedürfnis, endlich etwas Sinnvolles tun zu wollen.

»Du kannst ein Praktikum machen. Wir haben den Auftrag, ein altes Haus zu sanieren und umzubauen. Da muss das Aufmaß und ein erster Entwurf für den Umbau erstellt werden«, lautete der Vorschlag.

Ich griff mit beiden Händen zu. Arbeiten, nicht nachdenken über das Später, all das Wenn und Aber, das kommen würde. Die gestellte Aufgabe überforderte meine Kräfte nicht, sondern machte Spaß. Als Lars endlich aus den USA zurück war, sprang sogar noch eine Woche Zuhausesein in Weimar raus.

Da man sich während der Isolierphase keine gebrauchten Sachen ins Krankenhaus mitbringen lassen darf, sondern nur neue, am besten eingeschweißte, packte ich mir für die »Phase 2« meine Statiksachen sowie die Unterlagen für meinen noch zu beendenden Entwurf in der Denkmalpflege zusammen. Während vieler Urlaube in Dänemark hatte ich mir gewünscht, diese Sprache sprechen zu können. Dänisch lernen in der Isolierstation? Wo hat man mehr Zeit? Ich wollte möglicher Langeweile vorbeugen und suchte mir Zeichenutensilien und -papier heraus. Ich hatte schon immer gern Landschaften gezeichnet, zuletzt in Dänemark. Ob eine Isolierstation auf mich inspirierend wirken würde, überlegte ich nicht. Ich fürchtete mich vor der Vorstellung, über Wochen in einem Zimmer eingesperrt zu sein. Wo gab es da die ersehnten Freiräume, die ich so dringend brauchte? Dänemark und Zeichnen – zumindest meiner Phantasie sollten Flügel wachsen dürfen.

Als Lars und ich die Wohnung in Kromsdorf endgültig wieder verließen, um nach Berlin aufzubrechen, waren wir beide etwas schwermütig. Was auch immer geschehen würde, wenn ich zurückkäme, wäre ich eine andere, hoffentlich eine gesunde Kerstin. »Sterberate«? Nein, an so etwas dachte ich nicht, sondern verbannte sämtliche Unwägbarkeiten, um nicht das kostbarste Gut zu beschädigen, das ich hatte – Hoffnung.

»Du schaffst das«, sagte Lars.

Während der zweiten Phase der Therapie würde er in Ankas Ein-Zimmer-Apartment in Berlin wohnen, was er schon in »Phase 1« tageweise getan hatte. So würde er mir immer nah sein. Dass er in dieser Zeit weder studieren noch jobben konnte, nahmen wir beide in Kauf; das Leben setzte jetzt andere Prioritäten.

Am 29. Januar 2001 stand ich wieder vor den Schleusen von Station 30i. Dieses Mal hatte ich mein Tagebuch dabei; es sollte demselben Zweck dienen wie die Fotos, die Anka von mir gemacht hatte: Ich wollte dokumentieren, wie es mir ging, damit ich mich später an alles erinnern konnte. Und: Ich wollte jemandem zum Reden haben, einen stummen Zuhörer, geduldig wie Papier eben ist.

Es ist kein Wunder, vertraute ich am zweiten Tag von »Phase 2« endlich meinem stummen Alter Ego an, *dass ich nicht mehr in der Lage bin, vernünftig zu denken und mich auszudrücken. Ich muss wieder lernen, meine Probleme schreibend zu analysieren. Während des Studiums hat das ganz schön gelitten. So wie meine Psyche. Auch Lars hat das schon festgestellt. Und man kann nicht immer alles auf die Krankheit schieben, oder?*

Jetzt aber gibt es wichtigere Sachen: Vielleicht habe ich die Chance, meine Krankheit ein für alle Mal loszuwerden, oder doch wenigstens in den Griff zu bekommen. Nun bin ich wieder auf der Station 30i. Für wie lange, ist noch nicht absehbar. Aber ich bin stark und weiß, dass ich alles heil und schnell überstehen werde!

Mir selbst Mut zu machen, war gerade jetzt das Wichtigste. Denn am nächsten Tag sollte ich einen Katheter gelegt bekommen, den ich für ungewisse Zeit tragen würde. Ich hatte seit dem für die Blutwäsche gelegten Katheter wirklich Angst und war heilfroh, als dieser Tag hinausgeschoben wurde. Stattdessen wollten die Ärzte noch mehr von meinem kostbaren Blut, das sie zu Forschungszwecken gebrauchten. Dann wurde ich gegen Mittag in die

Zahnklinik des Virchow-Krankenhauses gebracht. Vier Stunden lang begutachteten die Dentisten meine Zähne, was ich mit vor Hunger knurrendem Magen überstehen musste.

Mir waren keine Zahnprobleme bewusst – doch in vier Stunden findet man garantiert etwas! Eine Krone müsste umgesetzt werden und die Wurzelkanäle meiner beiden toten Backenzähne waren nicht akkurat behandelt worden, hieß es.

»Die Sechser könnten bei einer Hochdosistherapie potentielle Entzündungsherde werden«, fachsimpelten die Doktoren. Und sie hatten auch gleich die Patentlösung parat: ziehen!

»Wie bitte?«, fragte ich. »Das sind doch meine Backenzähne. Auf denen kaue ich!« Wenn sie fort waren, bissen die jeweiligen Gegenstücke des anderen Kiefers ins Leere. Also hätte bald nach meiner überstandenen Therapie Ersatz besorgt werden müssen. In Form einer Brücke? Da hinten? Eher schwierig, sagten die Zahnspezialisten. Implantat? Noch schwieriger bei einer Lupus-Patientin, überlegten sie laut. Und wer sollte das alles bezahlen, fragte ich mich leise, weil Sprechen mit offen stehendem Mund nicht so einfach ist.

Man schaffte mich zurück, und ich grübelte über die Frage nach, wieso man mir nicht bereits beim ersten gründlichen Durchchecken auf den Zahn gefühlt hatte. Auf der Isolierstation wurde ebenfalls beraten, was zu tun wäre und schließlich drang die erlösende Nachricht auch an mein Ohr: Die beiden Zähne durften bleiben.

Zur Feier des Tages besuchte mich Anka und brachte mir einen selbst gebackenen Apfelkuchen mit, mit dem wir uns unten ins Bistro der Charité setzten und bei einer Tasse Kaffee tief schürfende Gespräche führten über gesunde und kranke Menschen.

Am nächsten Morgen setzte ich mich in der Früh hin und dachte über meine Situation nach:

Weißt du, eigentlich hattest du dir doch so viele Vorsätze für das neue Jahr gemacht und nun muss ich feststellen, dass du schon wieder anfängst zu schludern. Wo ist denn eigentlich dein Ehrgeiz geblieben? Hat man den mit den Entwässerungsmitteln herausgespült, oder ist er durch die Medikamente abgetötet worden? Das geht ja schon damit los, dass du dein Tagebuch nicht ordentlich führst.

Aber eigentlich solltest du Statik lernen und Denkmalpflege machen. Dafür ist nämlich weniger Zeit, als du denkst. Wer weiß, wie es aussieht, wenn du den Katheter gelegt bekommen haben wirst? Also, fang endlich damit an. Desto mehr kannst du und desto eher bist du damit fertig.

Da fällt mir ein, dass ich mich noch erkundigen wollte, mit welchem Aufmaßprogramm nächstes Semester gearbeitet wird. Wäre schon nicht schlecht, so eine Seminargruppe zu leiten. Außerdem möchte ich schon gerne mit dem Lehrstuhl Denkmalpflege zusammenarbeiten, wenn das möglich ist. Vielleicht fällt ja ein Job dabei ab.

Ja, ja, ich weiß, ich sollte mich auf die Gegenwart konzentrieren.

An dieser Stelle musste ich abbrechen, denn mir wurde nun endlich der Katheter gelegt. Diesmal war ich schlauer und bat um eine Betäubungsspritze, die mir die Schmerzen ersparte. Zum Glück war dieser Katheter auch nicht so dick wie der letzte. Im Spiegel meines Zimmers wirkten die drei verschiedenfarbigen Anschlüsse am Ausgang des Katheters fast wie Halsschmuck. Über diese noch verschlossenen Öffnungen würde ich während der Therapie am Leben erhalten werden durch Flüssigkeit, Nahrung und Medikamente. Anfangs befürchtete ich Einschränkungen durch den Katheter, weil ich den Kopf nicht richtig bewegen konnte. Und das sollte über Wochen so bleiben? Konnte ich so mein selbst gesetztes, vielfältiges Lernpensum bewältigen?

Ich setzte mich an den Tisch, auf dem mein aufgeschlagenes Tagebuch lag und setzte die Eintragung dieses Donnerstags – es war der 1. Februar – fort:

Es ist jetzt 14.10 Uhr und ich bin sozusagen von den Toten auferstanden mit einem Katheter im Hals. Ein Handicap bleibt aber, ich kann meinen Hals nur sehr schwer hin und her bewegen, und komme mir vor, als hätte ich Genickstarre. Aber meine Angst, dass ich vielleicht mit Katheter nicht arbeiten könnte, ist vorbei und das Schlimmste im Vorfeld der Therapie erst einmal überstanden.

Wieder musste ich unterbrechen. Auf meinem »Stundenplan« standen noch ein Termin zum Röntgen und ein weiteres MRT, die mich vollends zum »gläsernen Patienten« machten. Erst um 21 Uhr war ich wieder im Zimmer und versuchte vergeblich, Lars anzurufen. Auf dem Gang der Isolierstation gab es einen Hometrainer, ein Fahrrad, auf dem ich mich 20 Minuten lang abstrampelte. Solange ich noch aus der Isolierstation raus durfte, tat ich das regelmäßig.

Dann führte ich die Zwiesprache mit mir selbst fort:

Weißt du, es gehen mir hier einfach viele Sachen durch den Kopf. Sachen, die mein Leben angehen, mein Leben vor dem Studium, vor Lars, mein Leben mit dem Studium und mit Lars. Ich frage mich, ob ich zufrieden bin und stelle fest, dass ich nicht zufrieden bin.

Es gibt Dinge, die einfach weggebrochen sind. Ich bin nicht mehr so spontan und locker, wie ich früher war. Das war es auch, was Lars an mir gefallen hatte. Ich denke, dass ich ganz schön verbissen geworden bin, auch in Be-

zug auf Lars. Mir fallen so viele schöne Dinge ein, die wir zusammen erlebt haben, aber diese Dinge scheinen jetzt fern und der Realität entrückt. Ich denke, dass es an uns beiden lag. Ich bin zu sehr eingeklemmt. Was gab es denn in den letzten Jahren? Architektur und die Krankheit, die Krankheit und Architektur und sonst – seit dem Studium wenig und immer weniger.

Wir nehmen es so hin, und genau das ist nicht in Ordnung. Ich denke manchmal, dass wir ganz von vorne anfangen müssten! Aus dem Grau sollten wir versuchen, einen bunten Spielplatz zu machen. Aber ob wir das schaffen? Ich habe Lars ganz schön lieb. Ich kann ihm nur nicht so zeigen, dass ich ihn auf keinen Fall verlieren will, dass ich einfach so dankbar bin, dass er immer für mich da ist.

Und ständig ist die Angst vor dem Versagen mein Begleiter gewesen. Vermutlich ist es der Ehrgeiz, allen zu zeigen, dass ich mich nicht unterkriegen lasse, der mich immer wieder und immer wieder vorwärts treibt. Das, was mich besonders macht. Aber das tut es nicht, denn keiner außer mir kann einschätzen, was ich wirklich durchmache. Viele wissen nämlich nichts von meiner Krankheit und von all den Leiden, die ich so geschickt überspielte. Ist das richtig? Sollte ich nicht auch mal einfach nur an mich selber und an Lars denken? Was kommt denn danach?

Was passiert, wenn die Therapie anschlägt? Und was, wenn sie nicht hilft? Das eine wie das andere kann zerstörend wirken.

Der Mensch ist ein Gewohnheitstier, so sagt man. Und ich habe mich in den sieben Jahren auch an diese Krankheit gewöhnt und gelernt sie für mich auszunutzen und mich manchmal auch hinter ihr zu verstecken. Ich weiß nicht, ob ich ohne sie leben kann, oder auch will. Was bleibt mir? In mir selber und für mich war ich irgendwo doch etwas Besonderes. So lebensbedrohlich diese Krank-

heit auch sein kann – ich habe sie nie so wahrgenommen. Sie hatte mir auch viel Gutes im Leben gegeben. Ich habe gelernt, mich durchzusetzen und sicherlich erscheine ich manchen Menschen als starker Charakter. Ich bin selbstbewusst und werfe nicht so leicht die Flinte ins Korn. Es gibt mit Sicherheit auch viel Schlechtes, dem ich nicht nachtrauern werde. Da ist die Ungewissheit, was als nächstes angegriffen wird, wann der nächste Schub kommt und die Frage, wann meine Stärke nicht mehr ausreichen wird.

Ich muss einfach loslassen. Mein Leben, das ich in den letzten Jahren geführt habe und den Druck, die Angst.

Der letzte Tag meiner verhältnismäßigen »Freiheit« kam, der 2. Februar. Der Panoramablick über Berlin an diesem klaren Wintermorgen war atemberaubend.

Heute ist ein wunderschöner Tag. Ich habe einen schönen Sonnenaufgang miterleben dürfen. Heute ist Freitag und mein letzter Tag, an welchem ich raus kann, spazieren gehen oder Rad fahren. Ich weiß noch nicht, wie die nächste Woche aussehen, was auf mich zukommen wird. Ich muss ganz ehrlich gestehen, ich habe über das alles hier noch nicht so richtig nachgedacht. Ich versuche den Tag, den Augenblick zu leben und nicht weiterzudenken.

Noch ein Test wurde angesetzt. Man wollte herausfinden, ob ich auf tierische Eiweiße vom Kaninchen allergisch reagierte. Kaninchen, das klang harmlos. Doch die Qualen, die ich wenige Tage später deshalb durchzustehen hatte, werde ich niemals vergessen.

Lebe den Augenblick, hieß meine Durchhalteparole noch. Und weil ich »Ausgang« hatte, machte ich einen ausgedehnten Spaziergang – natürlich mit Katheter im Hals. Ich sog die frische Luft begierig in dem Bewusstsein

ein, dass ich vom nächsten Tag an nur noch keimfreie Luft aus der Klimaanlage einatmen würde. Ich lenkte meine Schritte in Richtung Alexanderplatz. Am Schlossplatz hatte man damals mittels auf Gerüst gespannter Folien die Illusion des zu DDR-Zeiten gesprengten Stadtschlosses gezaubert. Es sah täuschend echt aus, und die »beurlaubte« Bauhaus-Studentin machte sich Gedanken über den Sinn eines modernen Gebäudes, das man hinter einer rekonstruierten historischen Fassade errichten wollte.

In der Charité besuchte mich dann Anka. Sie brachte die endlich entwickelten Fotos unseres privaten Shootings mit. Ich lobte sie für ihr Feingefühl und Stilempfinden und bat sie darum, einige zu vergrößern, damit ich sie rahmen lassen könnte. Dann genoss ich das letzte Radfahren im Gang der Station und wartete sehnlich darauf, Lars noch einmal zu sehen. Den ganzen Tag über hatte ich an ihn gedacht. Als er endlich kam, meldete ich mich auf der Station ab und wir spazierten in die nahe Friedrichstraße. Es war ein bitterkalter und trockener Abend, die Stadt schmucklos.

An diesem Abend durfte ich noch einmal essen, worauf ich Lust hatte. Danach erst einmal nichts. Der Katheter in meinem Hals erinnerte mich jeden Augenblick daran. Flüssignahrung, um am Leben zu bleiben, mehr würde mir nicht vergönnt sein. Anschließend würden meine Mahlzeiten keimfrei sein müssen, worunter ich mir noch nichts vorzustellen vermochte. Anschließend musste immer noch ein halbes Jahr lang größte Vorsicht obwalten: In allem Essen lauerten Pilze, Keime und was weiß ich alles. Gift für den Organismus eines Menschen, der nach der Stammzelltherapie Schritt für Schritt neu an die Normalität des Alltags gewöhnt werden musste.

Eigentlich wäre an diesem Abend ein Festessen genau das Richtige gewesen. Und wo landeten wir armen Studenten? Im McDonald's! Ich schlug mir den Bauch voll mit fettigen Shrimps und Calamari. Oh, wie ich das genoss!

Wir sahen uns Ankas Fotos von mir an und lachten über manch freizügiges, das wir wohl doch nie unseren Kindern zeigen würden …

Plötzlich wurde Lars ganz ernst: »Wir werden das schon schaffen«, sagte er.

Es ging auf 21 Uhr 30 zu; ich musste zurück auf die Station.

»Ich lass dich jetzt allein«, sagte Lars vor dem Eingang zum Bettenhochhaus mit einem schiefen Lächeln. »Ich vertrau dir, dass du mir diese Nacht nicht einfach davon läufst.«

Wir umarmten uns lange, dann ging er in die Nacht hinaus. Es fiel mir so schwer, mich abzuwenden und ins Krankenhaus zu gehen. Ins Ungewisse. Ich wusste, wenn wir uns wiedersehen, würde er eine Gesichtsmaske tragen müssen. Er, mein Freund, ein gesunder Mensch, würde für mich, die dann von jedem Keim, jeder Bakterie, jedem Virus angegriffen werden könnte, zu einer Gefahr werden. Welch eine paradoxe Vorstellung. Dabei brauchte ich ihn doch so sehr …

Ich setzte mich in meinem Isolierzimmer an den Tisch, spürte wie mein Magen sich über das kalorienreiche Fast Food zu beschweren begann und ärgerte mich, dass ich mir den Bauch so voll geschlagen hatte.

Es ist bereits 23 Uhr 30. Ich werde jetzt ins Bett gehen und versuchen zu schlafen. Es ist schon seltsam, nachher im Bett zu liegen und sich zu fragen, was morgen kommen wird. Sicherlich werde ich nicht gleich aus dem Bett fallen, wenn ich die Chemotherapie bekomme, das habe ich schon so einige Male hinter mir, aber so stark? Und es ist noch ein so langer Weg. Eine kleine Ecke in meinem Her-

zen hat immer noch einen Schatten von Angst. Was wird morgen wirklich passieren und was wird in einem halben Jahr sein?

Und morgen, morgen soll es losgehen – ein Wolf weniger in dieser Welt!

Zweiter Geburtstag

Samstag, 3.2.2001
Jetzt ist es also so weit, ich darf das Zimmer nicht mehr verlassen. Nun bin ich irgendwie von den Leuten da draußen abhängig und ich werde zurzeit das Gefühl nicht los, dass die mich gerade vergessen! Vor einer halben Stunde schon wurde ich gefragt, was ich frühstücken möchte und seitdem ist keiner mehr aufgetaucht. Das Wetter hat sich auch, wie immer, gegen mich verschworen. Es war wieder ein schöner Sonnenaufgang und jetzt scheint die Sonne erbarmungslos in mein Zimmer, so dass ich das Fenster aufreißen und die kalte, klare Luft spüren will. Aber das geht nicht.

Meinen ersten Tropf habe ich schon hinter mir, Zofran, gegen Übelkeit. Hat das letzte Mal auch nicht geholfen. Außerdem bin ich schon wieder ein Kilo schwerer. Ich hätte gestern vielleicht doch nicht so viel herumfressen sollen. Wie soll ich das wieder loswerden? Aber ich habe mir vorgenommen, drei Kilo in fünf Wochen abzunehmen, das ist ungefähr ein halbes Kilo pro Woche, das werde ich schon schaffen, oder?

Als ich das schrieb, konnte ich nicht ahnen, dass Gewichtsreduktion meine geringste Sorge sein sollte! Ich hing jetzt wirklich an der langen Leine der Medizin: Der Katheter war mit einem Spiralschlauch verbunden worden, der lang genug war, um damit im ganzen Zimmer herumgehen zu können und bis zur Toilette zu kommen.

Zunächst ging es darum, mit dem ungeliebten Endoxan – wie schon in »Phase 1« – alle in der achtwöchigen Erholungsphase auferstandenen Immunzellen abzutöten. Drei Tröpfe flossen an diesem Samstag durch einen der Schläuche in meinen Körper. Ich dachte, mir wäre noch nie so übel geworden. Weil ich nicht wusste, was wirkliche Übelkeit ist. Aber das sollte ich schon noch lernen! Meine Haare waren in den zurückliegenden acht Wochen stoppellang nachgewachsen und verabschiedeten sich sofort widerstandslos.

Ich lag in einem Raum, in den niemand mehr ohne Mundschutz hinein durfte. Es kamen auch keine Geräusche hinein. Nur das Geräusch der Klimaanlage, die lediglich die Luft in meinem eigenen Raum zirkulieren ließ, war zu hören. Irgendwann wurde es wie das Ticken einer Uhr, das man ab einem gewissen Zeitpunkt nicht mehr wahrnimmt.

Am Sonntag kamen die Kaninchen ins Spiel! »Du kannst Fieber vom Antieiweiß bekommen«, hatte man mich gewarnt. Ich kannte ja solche Warnungen ... Doch was hätte es mir genützt, wenn ich gewusst hätte, wie ernst gemeint diese Warnung war?

Der Begriff Übelkeit bekam eine völlig neue Dimension. Ich fühlte mich wie ein eingesperrtes Tier, das nicht weiß, wo es hin soll. Ich wusste nicht, worüber ich zuerst klagen sollte, kam mir gehetzt vor. Ich zitterte am ganzen Körper und konnte die Muskelkontraktionen nicht kontrollieren, wie bei Schüttelfrost oder Frieren. Ich bekam ein Mittel gegen das Zittern und wurde schläfrig.

An diesem Sonntag waren sowohl meine Mutter als auch Lars noch bei mir zu Besuch. Aber ich hatte keine

Kraft für sie und schickte sie mit der Überzeugung fort, jetzt hätte ich das Schlimmste überstanden. Doch in der Nacht auf Montag setzte Herzrasen ein, ich glaubte, ersticken zu müssen. Ich fürchtete, diese entsetzliche Nacht würde niemals vorbeigehen. Gegen Morgen wurde es besser, aber mein Fieber stieg bis auf 40 Grad an. Schlimmer Durchfall und Magenschmerzen wechselten sich ab und ich musste mich immer wieder übergeben, obwohl im Magen schon lange nichts mehr vorhanden war, was ich noch hätte erbrechen können. Es kam nur Galle. Flaschenweise trank ich eine weiße Flüssigkeit, die das Erbrechen stoppen und gegen die Magenschmerzen helfen sollte. Was aber leider nicht geschah. Unendliche Schmerzen setzten stattdessen ein. Immer wieder fragte ich mich: Wann würde das ein Ende nehmen und würde es überhaupt ein Ende nehmen?

Ich kann so etwas aussitzen, gab ich mir als Antwort. Was sind diese Tage gegen all die Jahre zuvor?

Längst hatten die Schwestern einen Schieberstuhl in die Nähe meines Bettes gerollt, denn ich schaffte es weder zeitlich noch kräftemäßig bis zur Toilette. Dennoch war ich nicht schnell genug, um auf den Toilettenstuhl zu gelangen und ich wusste oft nicht, ob ich meine Blase oder meinen Darm entleerte. Und immer wieder beutelte mich starkes Erbrechen.

Was mich jedoch völlig zerbrach und dafür sorgte, dass ich wie ein kleines Kind wimmerte und weinte, war die Ausweglosigkeit, der Kontrollverlust und die Scham.

Weißt du wie es ist, wenn man sich etwas ganz fest vornimmt? Weißt du wie es ist, wenn man daliegt und im Kopf dieses Bild hat? Ein Bild von dem, was man versprochen hat, was man sich vornimmt.

Kennst du die Machtlosigkeit, der du dann ausgesetzt

bist, wenn du feststellst, dass du nicht so stark bist, wie du es gern sein möchtest?

Kennst du das, wenn andere sehen, dass du nicht aus dir heraus kannst?

Weißt du, wie erniedrigend es ist, wenn du plötzlich hilflos wie ein kleines Kind weinst, feststellst, dass du alles, was deine Stärke war, in einem Moment verlierst? Das Jammern, das Weinen, die Scham, welche du selber dabei empfindest? Du kannst es nicht stoppen, nicht aufhalten.

Wenn du das alles erfahren hast, erst dann weißt du, was Hilflosigkeit ist, dann erst kannst du verstehen, wie es mir gerade geht!

Kämpfen, nicht aufgeben! Ich musste am Leben festhalten! Womit? Mit Statik! Das war wohl nicht mehr als Beschäftigungstherapie oder welche Therapie auch immer. Ich blickte in die Bücher, las die stets gleichen Widerstandsbeiwerte aufs Neue und konnte nichts behalten.

Viel später, zu einer Zeit, an die ich damals noch nicht zu denken vermochte, stellte ich fest, dass ich Zahlen mit vier bis fünf Stellen hinter dem Komma in meinem Gehirn gespeichert hatte …

Dienstagnacht war dann der letzte Beutel mit dem Antieiweiß geleert und nur die Nachspülung stand mir noch bevor. Ich atmete auf. Um von einem der Ärzte gesagt zu bekommen: »Sie haben die Talsohle noch nicht erreicht, Frau Elstner.« Ich konnte mir nicht vorstellen, dass es noch tiefer mit mir bergab gehen könnte.

Richtiges Essen war völlig tabu. Ein DIN-A4-großer »Fressbeutel« mit fast farbloser Nahrung versorgte mich mit Mineralien, Vitaminen und allem, was der Körper sonst zum Überleben braucht. Aber ein Mensch sehnt sich nicht nur nach Essen, um davon satt zu werden. Die Kaumuskeln brauchen Arbeit, die Sinne Anregung. Aber mich umgab der stets gleiche Geruch von Chemie und Medizin. Ich hatte ihn sogar als Geschmack auf der Zunge. Ein Geruch, bei dessen Erinnerung es mir heute noch kalt den Rücken herunterläuft. Denn eigentlich war es nicht nur Chemie. Es war ein süßlich saurer Geruch, der an allem haftete. Es waren die Medikamente, das Reinigungsmittel der Putzfrauen, das Erbrochene und der Stuhl. Die Zähne durfte ich mir nicht putzen, denn Zahnfleisch und Gaumen waren offen und wund. Jede Verletzungsgefahr für die Schleimhäute sollte vermieden werden. Stattdessen gab es drei verschiedene Substanzen, mit denen ich morgens und abends den Mund spülen musste.

Ich ließ mir durch den Zivildienstleistenden Kaugummis holen, um einen anderen Geschmack in den Mund zu bekommen. Aber ich konnte sie nicht kauen, denn ich musste mich jedes Mal übergeben. Was das Gefühl verstärkte, der Situation ausgeliefert zu sein; es schien wirklich nichts zu geben, womit ich mir selbst noch helfen konnte.

Meine Nerven lagen blank; ich rief meine Mutter an. Ich wusste, dass sie mir nicht helfen konnte. Aber ich sehnte mich danach, von ihr in den Arm genommen zu werden. Damit ihre Nähe mir Kraft gab. »Komm bitte zu mir. Ich kann nicht mehr, Mama.«

»Aber Kerstin, es ist mitten in der Nacht. Wie soll ich denn jetzt zu dir kommen?«

»Ja, das stimmt. Aber morgen kommst du?«

»Ich werde mit deinem Vater sprechen; er wird mich bestimmt fahren.«

In der Nacht dieses 7. Februars setzte ich dann mein Tagebuch fort:

Draußen scheint bereits der Mond. Es tut mir gut am Tisch zu sitzen. Vielleicht hilft mir das ja auch. Weißt du, ich versuche alles so weit zu erklären und aufzuzeichnen, wie es geht. Doch du musst mir auch zugestehen, dass es an manchen Tagen eben nicht geht. Verstehst du mich? Ich will doch nur stark sein. Und auf einmal sind alle guten Vorsätze, die ich geschmiedet hatte, dahin.

Ich wusste nicht, was Menschen, die so etwas haben, an Kraft aufbringen. Ich kann nur annähernd begreifen, was Menschen auf dieser Station ertragen müssen, wenn sie zusätzlich noch bestrahlt werden. Ich bewundere sie! Ich kann verstehen, dass ein Mensch feiert, wenn er von hier entlassen wird. Vielleicht in 3 1/2 Wochen? Ich hoffe es.

Eben gab es eine Unterbrechung mit Waschen und Hände kalt einweichen, was mir ehrlich sehr gut tat.

Immer wieder schleppte ich mich ins Bad, rieb meine Hände mit Desinfektionsmittel ein und hielt sie mir vors Gesicht. Wie ein scharfer Wind jagte mir der stechende Geruch durchs Gehirn. Das Zeug roch eigentlich überhaupt nicht gut, aber in dieser Situation war es so wohltuend frisch wie eine blühende Sommerwiese. Es vertrieb für eine Weile sogar die Übelkeit.

Obwohl es geheißen hatte, dass ich die Talsohle noch nicht erreicht hätte, bedeutete die letzte Gabe des Antieiweißes eine Wende. Das im Fachchinesisch der Mediziner als Antilymphozytenserum bekannte Mittel wird zusätzlich zu Endoxan gegeben, um die Immunzellen, die von Endoxan nicht getötet werden konnten, abzutöten. Mein Blut war also nun bereit für einen Neuanfang, indem es keine neuen Antikörper mehr bilden konnte. Keine Chance mehr für eine Rückkehr des hinterhältigen Lupus, das war das Ziel, das damit erreicht werden sollte. Die mit Fieber, Herzrasen, Erbrechen und Durchfällen einhergehenden Begleitumstände fassen die Mediziner als »allergische Reaktion« zusammen. Hat man sie am eigenen Leib erlebt, weiß man, wie verharmlosend manche Fachbegriffe tatsächlich sind.

Der 8. Februar wurde in der Rückschau mein zweiter Geburtstag. Von diesem Tag an ging es – einige Talfahrten zwischendurch eingeschlossen – psychisch bergauf. Was ich damit zum Ausdruck brachte, dass ich meine Mutter anrief: »Du brauchst heute doch nicht zu kommen, Mutti. Ich schaffe es.«

»Dann komme ich am Wochenende, Kerstin. Ist dir das recht?«

»Natürlich!«

Was Ärzte unter »Talsohlen« verstehen, erlebt ein Patient, der auf allen Vieren durch die Niederungen der Seelenverfassung kriecht, ganz anders. Wobei ich den Empfang der Stammzellen, die sich in einem Beutel mit Blutplasma befanden, der mit meiner Vene verbunden wurde, als recht undramatisch empfand. Die »Talsohle« war das Warten, das auf meinen zweiten Geburtstag folgte. Es war das Warten auf die »Leukos«.

Leukozyten sind das A und O des Immunsystems. Wer die volkstümlich »Blutpolizei« genannten »Leukos« nicht hat, ist allen körperfremden »Angreifern« wie Bakterien, Viren oder Pilzen gegenüber schutzlos. Und ich hatte keine. Die mussten meine frisch gewaschenen Stammzellen erst wieder bilden. Damit ließen sie sich sehr viel Zeit. Jeden Morgen wurde mir Blut abgenommen und das Warten auf das Auszählergebnis der Leukos, das mir im Laufe des Vormittags bekannt gegeben wurde, war so nervenaufreibend wie ein Krimi.

»Wenn Sie 1000 Leukos haben, dürfen Sie wieder normal frühstücken«, versprach mir ein Arzt.

Aber in meinem Blut tat sich nichts, was ein Ende des Wartens versprach. Meine Ungeduld wuchs, ich wollte wieder raus aus dem Krankenhaus! Doch in diesem Zustand war ich ebenso schutzlos wie ein nacktes Eskimobaby, das bei arktischen Temperaturen eine halbe Minute lang auf dem Eis liegt. Der einzige Schutz, den ich hatte, war die absolute Isolation. Und das, obwohl ich mich subjektiv nach drei Tagen wieder gut und erholt fühlte.

Ich durfte jetzt auch wieder etwas essen. »Was möchten Sie?«, fragte die Schwester. Ich probierte viele verschiedene Sachen. Aber schon der Geruch von Essen, das im Sterilisator keimfrei gemacht worden war, erregte Übelkeit. Ganz schlimm war Fisch mit Tomatensauce! Nur daran zu riechen, ließ noch eine Hungerkur angenehm erscheinen. Jede Nahrung musste in den Sterilisator, da mein Körper den Bakterien, die konventionell zubereitetes Essen stets enthält, nichts entgegenzusetzen gehabt hätte.

Doch ich hatte Glück: Ich fand heraus, dass Brötchen und Huhn nach der Behandlung durch den Sterilisationsapparat noch ihren alten Geschmack behielten.

Als meine Mutter am ersten Wochenende nach Erhalt der Stammzellen zu Besuch kam, reichte meine Kraft nur, um sie eine Stunde lang zu empfangen. Auch Lars kam jedes Wochenende; wie Mama gab er sich größte Mühe, sich nicht anmerken zu lassen, dass er sich Sorgen um mich machte.

»Du schaffst es, Kerstin!«

Die Leukos, diese launischen Körperpolizisten, wollten nicht zum Einsatz antreten! Stattdessen zogen sie ihre Einsatzkräfte sogar zurück.

Ironischerweise lag mein Körpergewicht anderthalb Kilo über dem, was ich als mein Idealgewicht festgesetzt hatte. Der »Fressbeutel« hatte offensichtlich den Verlust bestens ausgeglichen. Dennoch waren die Ärzte überzeugt, dass ich die künstliche Ernährung weiterhin brauchte. Ich bat um Hanteln, mit denen ich in meinem Zimmer begann, mich fit zu machen. Um die lähmende Langeweile zu vertreiben, forderte ich meine Gehirnzellen heraus mit

Statik und Denkmalpflege, Dänisch und Lesen. Dennoch wurden mir die Tage lang. Denn all mein Denken war auf die Leukos ausgerichtet.

Neun Tage ging das bereits so, als ich mich meinem Tagebuch gegenüber beklagte:

Freitag, 16. 2. 2001
Die Tatsache, dass ich hier Tag für Tag sitze und warte, ist schrecklich. Das macht mich mürbe. Außerdem tut es der Psyche nicht gut.

Dabei denke ich darüber nach, was ich eigentlich zu Hause will und stelle fest, dass es dort auch nicht anders wäre als hier. Es ist aber trotzdem der Wunsch, einfach aus diesem schrecklichen Zustand herauszukommen, nach Hause zu fahren und spazieren zu gehen. Eigentlich müsste ich das Leben viel mehr genießen, viel bewusster leben, viel mehr malen und viel mehr zeichnen. Es gibt so viele schöne Dinge in der Welt, die viele Menschen nicht sehen. Das beginnt bei den geringsten und nicht sichtbaren und reicht bis zum Selbstverständlichsten. Ich weiß, dass ich niemals im Lotto gewinnen werde. Denn ich habe schon alles Glück gehabt, das ein Mensch haben kann: Ich lebe.

Ich habe nur ein Leben und was ich nicht mache, weil ich es hinausschiebe, das werde ich niemals tun! Dazu gehört auch eine Familie. Ich hätte gerne irgendwann, wenn das alles vorbei ist und ich kann und darf, eine kleine Familie, jemanden, dem ich die Welt und das Leben zeigen kann, den ich auf die vielen kleinen leisen und großen lauten Dinge aufmerksam machen kann.

Ich wollte weg von meinem Fressbeutel, aber das Essen auf der Station beschränkte sich auf trockene Brötchen zum Frühstück und Hühnchen zu Mittag. Dann rückten die Schwestern damit heraus, dass meine Mutter mich bekochen konnte. Ich durfte mir wünschen, was ich haben wollte: Hühnerfrikassee und Reis mit Krabben! Dieses Essen wurde auf der Station eingefroren und je nach Wunsch aufgetaut und sterilisiert. So bekam ich mein Wunschessen ins Isolierzimmer geliefert. Ein Stück zu Hause.

Zwölf Tage nach meinem »zweiten Geburtstag« sandte mir mein Blutbild das so lange ersehnte Signal: Die Leukos begannen sich zu sammeln. »100«, sagte die Schwester. Und das ist eigentlich nichts. Zwei Tage später spürte ich bereits den Geschmack von Freiheit auf der Zunge:

Donnerstag, 22. 2. 2001

Mal sehen, ob ich es in einer Woche schaffe und nach Hause kann. Die Leukos sind bei 650 und ab morgen bin ich vielleicht entisoliert. Das heißt, ich kann dann endlich wieder auf den Gang und Rad fahren. Außerdem braucht mein Besuch dann auch keinen Mundschutz mehr.

Plötzlich ging es ganz schnell aufwärts, von allen Seiten schienen meine Blutpolizeitruppen Nachschub zu bekommen!

Montag, 26. 2. 2001

Es ist schon wieder Montag. Über das Wochenende sind meine Leukos über 2000 gestiegen und heute Morgen waren sie bei 3000 und noch irgendetwas. So ziemlich jeder Tag hat Überraschungen gebracht. Seit Samstag esse ich wieder normal. Es war ein herrliches Gefühl, in ein Käsebrötchen mit Margarine zu beißen. Es wurden auch so einige Medikamente abgesetzt. Auch das Cortison ist auf 50 mg reduziert. Aber es wird wohl noch eine ganze Weile dauern, bis ich das Teufelszeug los bin.

Am Sonntag bin ich meinen Fressbeutel losgeworden. Stattdessen habe ich eine 24-stündige Spülung bekommen, um die Chemikalien aus dem Körper zu entfernen.

Die Freude über all diese herrlichen Tatsachen wurde

doch ein wenig getrübt. Frau Professor Arnold hat mir bei der Visite klar gemacht, dass eine Entlassung am Ende der Woche nicht infrage kommt. Das hat mich ganz schön mitgenommen. Ich kann das logisch und vom medizinischen Standpunkt aus auch verstehen. Aber andererseits will ich es nicht akzeptieren, da es mir gut geht.

Heute Morgen sah die Welt schon wieder ganz anders aus. Ein Arzt erzählte etwas von Enduntersuchung. Seit heute bin ich entisoliert, und die Einzige, die hier noch mit einem Mundschutz herumläuft, bin ich selber, wenn ich draußen auf dem Gang spaziere. Außerdem gab es heute noch eine Überraschung: Der Katheter wurde gezogen. Auch der letzte Zugang lief nicht mehr richtig. Die Medikamente liefen oben aus der Einstichstelle heraus. Also wurde kurzerhand alles abgesetzt und der Katheter gezogen. Dafür muss ich jetzt viel trinken, aber das schaffe ich schon.

Was gar nicht so einfach war: anderthalb bis zwei Liter sind eine Menge, wenn man seit Wochen nichts Richtiges mehr getrunken hat!

Mit dem Essen nach der Entisolierung war es eigentlich nicht einfacher als während der Isolierung. Ich bekam eine Liste von Lebensmitteln, die ich zumindest ein halbes Jahr lang nicht essen oder trinken durfte. Dazu gehörte auch Obst und Gemüse, es sei denn, es wäre in einer geschlossenen Schale.

Nach so langer Zeit der eintönigen Ernährung hatte ich einen unbändigen Appetit auf Obst und Frischkäse, den ich allerdings auch nicht essen durfte. Meine Mutter ahnte meinen Wunsch und erschien mit einem riesigen Obstkorb. Sie hatte hineingetan, was ich bereits wieder zu mir nehmen durfte: Bananen und Orangen! Das war ein Höhepunkt mütterlicher Versorgung.

In dieser letzten Phase galt die Aufmerksamkeit der Mediziner meiner Lunge. Mir war zu diesem Zeitpunkt nicht klar, dass ausgerechnet sie nach einer Stammzelltransplantation besonders anfällig ist. Ich erhielt einen Atemtrainer. Der war größer und schwerer zu bedienen, als der, den ich vor langer Zeit, so schien es mir, auf der Rheumatologie bekommen hatte. Hier waren auch keine Bälle zu bewegen, sondern ein Zylinder. Er sollte dafür sorgen, dass meine Lunge stets gut durchlüftet war. Es sollten sich keine Pilze bilden können. Nachdem ich ja mit einer vom Lupus geschädigten Lunge am 15. Oktober angetreten war, hielt ich auch eisern Disziplin. Bei jeder sich bietenden Gelegenheit stieg ich auf den Hometrainer, um Rad zu fahren. Es spornte meinen Ehrgeiz an, dass die Schwestern meinen Weg zurück ins Leben mit manchem Lob begleiteten.

Wie schon früher entdeckte ich das Treppenhaus wieder als Trainingsgelände. Damals waren es lediglich sieben Stockwerke gewesen, die ich hinunter- und hinaufsteigen konnte. Jetzt standen mir 20 Etagen zur Verfügung. Anfangs mit Physiotherapeutin, die auf das geschwächte Etwas aufpasste, das sich da abmühte. Doch ich gewann rasch an Stärke.

Innerlich rang ich darum umso mehr. Ich war so lange aus meinem alten Leben raus, dass mir vor dem Wiedereinstieg graute – so sehr ich mich gleichzeitig darauf freute.

Samstag, 3. März 2001
Es gibt viele Sachen, die mich gedanklich nicht loslassen, und derentwegen ich nicht schlafen kann. In erster Linie betreffen sie das Studium. Da ist meine wahnsinnige Angst vor der Statikprüfung. Ich weiß, dass ich noch vier Wochen Zeit habe und dass ich ganz gut begreife. Gerade nachts befallen mich Gedanken an die Prüfung. Ich male mir Sachen aus, die noch nicht einmal ansatzweise gesche-

hen sind. Das Kind ist sozusagen schon in den Brunnen gefallen, bevor es überhaupt geboren wurde.

Ich stelle mir immer wieder die Frage, wie es nach einem eventuellen Versagen weitergehen soll. Alles hängt von dieser Prüfung ab. Ich habe gute Entwürfe, ich habe einen guten Job an der Uni und freue mich auf meine Arbeit. Aber dieser Fleck ist einfach nicht zu tilgen. Dabei brauche ich mir doch jetzt noch keine Gedanken darüber zu machen, ich muss in erster Linie gesund werden. Durch solche Gedanken mache ich mir das nur kaputt und setze mich unnötig unter Druck, und das darf ich einfach nicht. Ich versuche, mich immer mit anderen Studenten zu vergleichen. Aber genau da liegt der Fehler. Ich kann mich nicht mit ihnen vergleichen, denn ich bin anders. Ich muss doch erkennen, dass ich einen eigenen Weg gehe und zu gehen habe. Das war immer meine Stärke. Keine Vergleiche mit anderen, ich bin ich selbst und alles andere ist egal.

Am nächsten Tag wurde mein seit fast fünf Monaten gehegter größter Wunsch wahr:

Sonntag, 4. 3. 2001

Morgen ist es endlich so weit. Ich werde entlassen und zwar eine ganze Woche eher, als es üblich ist. Ich weiß jetzt schon, dass ich diese Nacht schlecht schlafen werde, weil die Zeit nicht vergeht. Hoffentlich ist es eine gute Idee, dass ich jetzt schon gehe, und ich werde alles so weit gesund überstehen. Werde ich krank, wäre das fatal, denn ich will nicht noch ein Semester verlieren. Mal schauen, wie es morgen zu Hause aussieht. Ich darf nur sehr wenig. Zum Beispiel nur in Räumen schlafen, in denen keine Topfpflanzen stehen. Ich werde also im Wohnzimmer schlafen, aus dem wir die Pflanzen entfernen müssen. Irgendwie wird es schon gehen. Vielleicht werde ich mit Mundschutz schlafen müssen.

Drücke mir die Daumen, dass alles gut geht und ich nie wieder ins Krankenhaus muss!

Als ich am folgenden Montag an der Seite von Lars aus der Charité spazierte, wusste ich: Das war ein frommer Wunsch. In der Schulter spürte ich einen Schmerz und redete mir ein, es sei eine Verspannung.

Jeder Fünfte

Jeder fürchtet sich vor Krankheiten, aber gerade sie sind es, die den Körper stärken! Man kennt das von Kinderkrankheiten wie Mumps oder Masern. Wer sie einmal hatte, bekommt sie nicht wieder: Das Immunsystem des Körpers, verborgen in den Blutzellen, besitzt ein Gedächtnis. Mein von den Leukos neu aufgebautes Immunsystem besaß keine Erinnerung an die Schnupfen oder die Masern, die ich im Laufe meines Lebens durchlitten hatte. Diesbezüglich war ich wie ein Baby. Damit ich wenigstens einen Minimalschutz hatte, war mir aufgetragen worden, einen Mundschutz umzubinden, wenn ich unter Menschen ging.

So fällt man natürlich auf. Gleichzeitig zierte noch kein Haar meinen Schädel. Mundschutz im Verbund mit dicker Wollmütze – das sieht so gewöhnungsbedürftig aus wie ein Alien im Vorgarten.

Solche Äußerlichkeiten vergehen. Ich hatte sieben lange Jahre Zeit gehabt, zu dieser Einsicht zu gelangen. Der Wolf war fort, aber sein dickes Fell war mir als Schutz vor möglicherweise schrägen Blicken geblieben. Jetzt ging es um den Schutz meines Körpers.

Die Ärzte hatten mir eingeschärft, auf alle möglichen Gefahren zu achten. Wer denkt beim Schlendern über moderndes Laub an mögliche Faulpilzkeime? Wer an die Milben, die in alten Matratzen lauern? Welche Getränke sind unbedenklich? Cola in Dosen – das war schon in der Charité das erste Getränk gewesen, das mich auf den Alltag einstimmte.

Lars brachte mich zu meinen Eltern nach Perleberg. Sie zogen gerade um und hatten sich ein neues Schlafzimmer gekauft mit Matratzen, die noch in den Plastikhüllen steckten. Welch ein Glück für jemanden, der Milben meiden musste. So musste ich entgegen meiner Befürchtung nicht mit Mundschutz schlafen. Coxy, unser schwarzer Cocker-Spaniel, bedeutete jedoch eine potentielle Gefahrenquelle und musste auf Abstand gehalten werden. Es gab eine ganze Liste mit Nahrungsmitteln, die ich zu meiden hatte: Praktisch alle Milchprodukte standen darauf. Speisen sollten prinzipiell durchgegart sein, bevor ich sie genoss.

Sechs Monate, hatten die Ärzte gesagt, würde es dauern, bis mein Immunsystem sein Virenschutzprogramm einigermaßen installiert hatte! »Darum sollten Sie noch ein Semester warten, bis Sie Ihr Studium wieder aufnehmen«, hatte Professor Hiepe mir geraten. Zwei Jahre, sagte er, würde es dauern, bis mein Immunsystem wieder vollkommen funktionieren würde. Zwei Jahre! Und das bei einem Menschen, dessen Ungeduld so groß ist wie meine …

Der Professor hatte mir aufgetragen, mich monatlich zur Nachkontrolle in der Charité vorzustellen und mir überdies eingeschärft: »Melden Sie sich sofort, wenn Sie Fieber bekommen!«

Das fasste ich auch durchaus als ernste Warnung auf. Dennoch ist der Alltag bei aller Vorsicht keine Isolierstation. Noch dazu, wenn er nach so langer Abwesenheit erst wieder neu organisiert werden muss. Am 1. April schon sollte das neue Semester beginnen, in das ich so viele Hoffnungen setzte. Die nachzuholenden Prüfungen waren wichtig, aber ebenso wichtig war auch, mein BAföG nach einem »Urlaubssemester« erneut bewilligt zu bekommen. Nein, sagte man mir, so schnell geht das nicht, bitte Geduld, Frau Elstner!

Drei Tage nach dem Abschied von der Charité bekam ich Fieber. Sofort reinkommen, wenn das passiert, hörte ich die Warnung der Ärzte. »Klar, ich fahr dich!«, sagte Lars. Da ich immer noch in der Schulter Schmerzen hatte und obendrein auf meine Lunge als schwache Stelle tippte, war ich besorgt. Wenn bloß nicht der Lupus zurückkommt! In der Charité, in der ich bezeichnenderweise fieberfrei eintraf, begutachteten mich drei Ärzte und ich wurde überdies zum Röntgen geschickt. Aber: Fehlanzeige! Kein Schatten war zu sehen. Ich atmete auf!

»Lass uns auf andere Gedanken kommen«, sagte ich zu Lars. »Ich möchte ins Pergamonmuseum. Da können wir von hier aus zu Fuß hingehen.« Denn ich rechnete mit einem ruhigen Ort.

Doch als wir das für seine frühgeschichtlichen Altertümer berühmte Museum erreichten, wurde mir mein Irrtum bewusst: Es war Tag der offenen Tür. Menschenmassen drängten sich. Das Risiko war mir eindeutig zu groß – wir machten auf dem Absatz kehrt.

Am nächsten Tag hatte ich Geburtstag und lud meine Familie in einen idyllischen Gasthof in der Prignitz ein, dessen Koch für seine ausgefallenen Gerichte in der Region gerühmt wird: Putenspieß mit Pfirsich und selbst gemachten Kartoffelrösti, als Nachspeise Erdbeeren mit Senf. Mir war wirklich nach Feiern zumute, es war mein 24. Geburtstag und der erste nach langer Zeit, den ich ohne meinen Verfolger genießen wollte. Doch ich spürte, dass etwas nicht stimmte. Prompt maß ich am Abend fast 39 Grad Fieber! Die Lungenspitzen taten wieder weh, obwohl in der Charité nichts entdeckt worden war.

Am 11. März lieferte Lars mich wieder in Berlin-Mitte ab! Rheumatologische Station. Vierbettzimmer. Ich hatte das Gefühl, ein altbekannter Film liefe ab. In dem Vierer-Zimmer hatten die anderen Patientinnen ständig Besuch, was die Ärzte als Gefahr für mich erachteten. Sie verlegten mich in ein Zweibettzimmer. Und währenddessen lief die Suche nach der Ursache meiner Beschwerden auf Hochtouren. Wieder wurden Bluttests gemacht und die Antikörper bestimmt.

Man fand bald heraus, dass es nicht der Lupus war. So weit, so beruhigend. Aber ich hatte es auch nicht angenommen, denn diesmal waren die Probleme anders. Aber was hatte ich? Alles tat mir weh, die Lunge, der Bauch, ein Gefühl wie Verstopfung. Das Fieber stieg auf bedenkliche 40 Grad.

Während einer der vielen Untersuchungen geriet ich an einen englischen Medizinstudenten. Er war sehr interessiert, es mit einem seltenen Exemplar der Gattung Stammzelltransplantations-Patient zu tun zu haben.

»Jeder fünfte Patient, der so behandelt worden ist, stirbt«, sagte der freundliche junge Mann, wohl voller Stolz auf sein Wissen.

Da war etwas gewesen, dämmerte es mir jetzt. Von wegen Sterblichkeitsrate. Dass die bei autologen, also eigenen Stammzellen geringer sei als bei fremden, hatte in Professor Hiepes Infomaterial gestanden. Das hatte ich in der Euphorie darüber vergessen, dass mir eine Chance zum Weiterleben gewährt worden war. Ich fragte mich, ob ich der Transplantation zugestimmt hätte, wenn der englische Student mir bereits im Oktober so unverblümt die Statistik vor die Stirn geknallt hätte wie jetzt, ein halbes Jahr später.

Ja, ich hätte! Denn ich hätte die kalten Zahlen andersherum interpretiert: 80 Prozent überleben!

2004 legte die Europäische Liga gegen Rheumatismus (EULAR) eine Statistik vor: Bis dahin wurden in 23 europäischen Zentren – inklusive der Charité und damit auch meines Falles – 53 Patienten so wie ich behandelt. Sieben davon starben an den Folgen der Stammzelltherapie.

Im Oktober, als mein Aufenthaltsmarathon begann, hatte ich auch keinen Gedanken daran verschwendet, dass es nicht viele Betten auf der Isolierstation gab. Die für viele Patienten logische Konsequenz waren Wartezeiten, nur die wirklich akuten Fälle konnten gewissermaßen von heute auf morgen in den 20. Stock »aufsteigen«. Auch diese Chance hatte man mir gewährt, und auch das wurde mir erst jetzt bewusst, als ich von Patienten erfuhr, die auf ein freies Bett dort oben warten mussten.

Trotz aller Dankbarkeit tobte meine innere Unruhe. Denn die Zeit lief wieder einmal gegen mich. Das neue Semester begann in wenigen Wochen! Noch immer wurde ich auf Lungenentzündung hin behandelt, aber die Medikamente schlugen nicht an.

Schließlich wurde doch noch entdeckt, was los war: Pilze in Verbindung mit einem Herpes! Der Pilz saß in der Lunge.

»Jeder Mensch trägt das Herpes 6-Virus in sich«, erklärte einer der mir inzwischen bestens bekannten Immunologen. »Diese Pilzsporen sind immer in der Luft, Frau Elstner«, sagte er. »Die atmen Sie ein, ob Sie wollen oder nicht. Da Sie praktisch kein Immunsystem haben, ist Ihre Lunge dafür der anfälligste Teil.«

»In so kurzer Zeit?«, fragte ich. »Ich war doch vorsichtig!«

»Das reicht schon, wenn Ihnen jemand die Hand gibt – und es ist passiert.«

Ähnlich verhielt es sich mit dem Herpes-6-Virus, in der Expertensprache kurz HHV-6 genannt. Fast jedes Kind hat es bis zu seinem zweiten Lebensjahr erworben und sein Körper hat darauf mit einem 3-Tage-Fieber reagiert; von diesem Zeitpunkt an bleiben die Herpesviren lebenslang in dem einmal infizierten Körper. »95 Prozent der Bevölkerung haben es«, wurde mir gesagt. Ein Tröpfchen Speichel hatte genügt, um mein jungfräuliches Immunsystem zu überlisten, so dass der eigentlich harmlose HHV-6 eine Lungenentzündung verursachen konnte!

Wenn mich schon eine Kinderkrankheit in die Knie zwingt, wie soll ich denn da wieder auf die Beine kommen, fragte ich mich. Es gab schließlich unzählige Krankheiten, gegen die sich mein Körper erst noch wappnen musste. Dieser Gedanke entmutigte mich völlig. Ich heulte. Man schickte mir eine Psychologin, die mich wieder aufrichten sollte.

»Dass Sie jetzt Fieber haben, hat doch auch etwas Gutes, Frau Elstner. Sehen Sie das doch mal so. Das Fieber tötet Bakterien und Keime. Und Ihr Körper sagt Ihnen, dass er sich wehrt!«

Das beruhigte mich auch noch nicht. Denn es machte mir erneut bewusst, wie anfällig ich in Zukunft wäre.

Dann schlug die Psychologin den Ton an, den ich verstand: »Wenn Sie sich jetzt aufregen, dann helfen Sie Ihrem Körper nicht. Im Gegenteil, Sie schwächen ihn zusätzlich. Glauben Sie daran, dass Sie wieder gesund werden und Sie helfen sich selbst am besten.«

Alles wird gut! Mutters altes Hausrezept, von der Psychologin recycelt, wurde meine neue Richtschnur. Ich sitze das aus, bis es besser wird, sagte ich mir jeden Tag aufs Neue.

Die selbst gezimmerten Durchhalteparolen konnten meine Blutwerte jedoch nicht verbessern; sie waren eine Katastrophe. Hin und wieder bekam ich eine Blutkonserve. Wahrscheinlich waren die Spezialisten in echter Sorge um die so mühsam aufgepäppelte Patientin. Sie wussten, dass die Phase nach der Stammzelltransplantation wesentlich gefährlicher ist als die Übertragung selbst. Denn die findet unter ihrer absoluten Kontrolle statt. Der ins Leben entlassene Patient schafft sich seine Risiken selbst.

20 Prozent ... Die müssen ja irgendwoher kommen.

Unbeirrt hielt ich an meinem Ziel fest, das Semester doch noch mitmachen zu können. Ich rief meine Betreuerin am Lehrstuhl für Denkmalpflege an und bat darum, mir Unterlagen in die Charité zu schicken. Zwar mühte ich mich, einen passablen Entwurf zu kreieren. Nüchtern betrachtet war es nicht mehr als der Versuch, die Verbindung zum Studium nicht abreißen zu lassen. Denn tun konnte ich eigentlich nichts.

Die vierte Woche dieses völlig ungeplanten Aufenthalts war angebrochen. Ostern fiel 2001 auf den 15. und 16. April. Und der rückte mit Riesenschritten näher. Ich war überzeugt davon, dass ich in meinem gewohnten häuslichen Umfeld wesentlich schneller gesund werden würde.

Bei fast jeder Visite führte ich dies Argument an und bettelte: »Lassen Sie mich gehen.«

Professor Hiepe hatte mir zuvor schon verboten, dass ich trotz warmem Frühlingswetter draußen ein wenig spazieren ginge. »Es heißt doch, frische Luft sei bei Lungenentzündung gut«, argumentierte ich.

»Nicht in Ihrem Fall«, hatte der Professor entgegnet. »Sie fangen sich zu leicht etwas ein. Außerdem bekommen Sie eine viel zu hohe Dosis Cortison.«

»Nur für ein paar Tage über Ostern«, feilschte ich in gewohnter Manier.

»Nun ja,« sagte der Professor schließlich, »das häusliche Umfeld hilft durchaus beim Gesundwerden. Allerdings kann es die Blutwerte nicht beeinflussen!« Dann traf er eine mutige Entscheidung: »Vier Tage. Aber am Abend des Ostermontags sind Sie bitte wieder hier. Sie müssen versprechen, sich nur zu Hause aufzuhalten. Wenn Fieber auftritt oder etwas anderes nicht normal ist, dann kommen Sie sofort wieder her.«

Ich bin überzeugt, dass der Professor sich nur deshalb so großzügig verhielt, weil er mich nach all den Jahren – auch durch die Berichte Dr. Wolbarts – einzuschätzen wusste; er vertraute mir. Natürlich erhielt ich eine Menge Medizin als »Proviant«, die ich gewissenhaft zu schlucken hatte.

Allein von dem gegen HHV-6 gerichteten Cymeven musste ich viermal am Tag acht Kapseln einnehmen! Und ich hielt mich an mein Versprechen: Am Abend des Ostermontags fand ich mich wieder zur Blutabnahme in der Charité ein.

Als das Ergebnis vorlag, erschien die Stationsärztin bei mir. »Wir müssen noch mal Blut abnehmen, Frau Elstner. Da kann etwas nicht stimmen.«

»Wieso?«

»Wenn die Werte stimmen, hätten sich Ihre Blutwerte entgegen jeder Erwartung gebessert!«

Also wurde die Sache zur Kontrolle wiederholt. Mit demselben Ergebnis! Ich hatte Recht gehabt: Ich hatte einfach nur nach Hause gemusst, um gesund zu werden!

Bereits am Mittag des vierten Tages meines Aufenthalts stand eine Lernschwester an meinem Bett: »Ich bringe Ihnen Ihre Papiere«, sagte sie. Meine verblüffte Reaktion veranlasste sie zu einer Frage: »Wussten Sie nicht, dass Sie entlassen werden?«

Darauf war ich zwar nicht vorbereitet, aber ich jubelte vor Freude. Nur gab es niemanden, der mich so rasch wieder nach Perleberg fahren konnte. Glücklicherweise konnte sich mein Bruder Heiko freimachen und mich abholen.

In meinem Gepäck befand sich nun eine Spezialapotheke: Neben dem Cymeven gegen das Herpesvirus waren das Cortison, von dem ich noch 80 mg am Tag einnehmen musste, das ich aber allmählich reduzieren sollte, zusätzlich ein Antibiotikum, um meinem noch unerfahrenen Immunsystem keinen unnötigen Stress zuzumuten, sowie ein Mittel gegen das Herzrasen.

Vor allem das Cymeven hatte eine nicht zu unterschätzende Palette von Nebenwirkungen. Deshalb war es in meinem eigenen Interesse, alle zwei Tage das Blutbild bei meiner Hausärztin checken zu lassen.

32 Tabletten täglich von diesem Medikament sind eine Dosis, die raschen Nachschub erfordert. Kaum zurück in Weimar stellte ich fest, dass ich dringend neue Tabletten brauchte. Ich rief bei Dr. Wolbart an und bat darum, dass er mir das entsprechende Rezept zuschickte. Sicherheitshalber ging ich zur Apotheke und fragte, ob sie die seltene Arznei, die normalerweise stationär im Krankenhaus verabreicht wird, überhaupt vorrätig hatten.

Die Apothekerin musterte mich skeptisch: »Cymeven? Sind Sie sicher, dass Sie das wirklich meinen?«

Sie glaubte mir nicht, wohl auch, weil das Präparat unglaublich teuer ist. Nachdem sie sich Dr. Wolbarts Telefonnummer hatte geben lassen und meine Angaben bestätigt wurden, bestellte sie das exotische Medikament schließlich.

Für mich nahm nun der Alltag seinen Lauf. Was bedeutete, sich mit ganzer Kraft dem Studium zuzuwenden, nachzuholen, was versäumt war und gleichzeitig neues Pensum anzugehen. Wenn ich die Wohnung verließ, trug ich stets meinen Mundschutz um den Hals und zog ihn ruckzuck hoch, sobald ich in die Nähe von Menschen kam. So ging ich monatelang zu den Vorlesungen in die Uni. Obwohl ich selbst mich wie ein Außerirdischer fühlte, nahmen meine Kommilitonen keinen Anstoß an meinem Aussehen. Nicht ein einziges Mal wurde ich darauf angesprochen. Auch meine Glatze verabschiedete sich, schon im Mai sprossen fünf Millimeter Haar aus jeder Wurzel.

Der Rückschlag vom März hatte mich allerdings auch Vorsicht gelehrt: Während ich ein zu restaurierendes altes Bauernhaus untersuchte, achtete ich streng darauf, den Mundschutz keine Minute lang abzunehmen. Gerade in solchen Gemäuern wimmelte es von Pilzsporen, die nur darauf warteten meine angegriffenen Lungen zu attackieren!

Und dann zogen wir in eine frisch sanierte Wohnung nach Weimar um, damit ich einen kürzeren Weg zur Uni hatte. Ich klärte die Vermieterin darüber auf, dass ich auf keinen Fall Schimmel ausgesetzt sein dürfe. Doch genau der entwickelte sich! Lars und ich kündigten den Vertrag wegen objektiver Gesundheitsgefährdung fristlos – und zogen wieder um.

In der ganzen Zeit bemühte ich mich um ein gesundes und aktives Leben. Ich fuhr mit dem Rad zur Uni, begann wieder vorsichtig mit dem Joggen und spürte deutlich, dass ich wieder richtig fit wurde. Im Sommer 2002 begann ich neben dem Studium sogar zu arbeiten. Ein Betrieb für Denkmalpflege stellte mich nach einem Praktikum auf 20-Stunden-Basis ein, damit ich Bürotätigkeiten erledigte.

Über meine Krankheit wurde nicht gesprochen, denn ich war überzeugt, dass sie einer bewältigten Vergangenheit angehörte.

Schritt für Schritt hatte ich mich zu diesem Zeitpunkt von meiner außergewöhnlichen Medikamentendosis befreit. Mein Blutbild war durch Cymeven derart verschlechtert, dass Dr. Wolbart mir schließlich riet, es abzusetzen.

Als ich zur Routinekontrolle in der Charité war, sagte

der zuständige Hämatologe: »Dass sich das Blutbild negativ verändert, lässt sich unter diesen Umständen nicht verhindern. Wir haben mit noch mehr Komplikationen gerechnet.« Dann setzte er bedeutungsvoll hinzu: »Die meisten Patienten glauben, dass nach einer Stammzelltransplantation alles gut ist. Das ist ein großer Irrtum. Danach, wenn man ins normale Leben zurückkehrt, steht der Leidensweg erst noch bevor.«

Nach meiner Lungenentzündung war durchaus die Angst geblieben, dass etwas Ähnliches erneut eintreten konnte. Sobald sich ein Husten ankündigte, inhalierte ich Salzwasser oder ein rezeptfreies Mittel, das die Lungen durchlüftete. Oft hatte ich das leicht panische Gefühl, solche eigentlich harmlosen Anzeichen wären für mich so gefährlich wie ein Funke für trockenes Gras.

Das Antibiotikum wurde ich los, als ich eine Erkältung bekam. Damit mein Immunsystem sich auf solche für jeden gesunden Organismus letztendlich hilfreichen Herausforderungen einstellen konnte, erschien es sinnvoller, dass er sich selbst half. Und auch das erwies sich als richtig.

Schließlich blieb nur noch das Cortison übrig. Ich musste es weiterhin in winzigen Schritten stetig reduzieren, bis mein Körper nach so langer Zeit selbst in der Lage war, es zu produzieren.

Der Jahreswechsel 2002/03 kam. »Hoffentlich wird es ein gutes Jahr«, sagten Lars und ich und prosteten uns zu.

Finale

Es war an einem Morgen im April. Lars und ich waren am Abend zuvor für einen Wochenendbesuch bei seinen Eltern eingetroffen, die mittlerweile wieder in Borgentreich lebten. Mich überkam plötzlich das Gefühl, etwas vergessen zu haben. Ich dachte angestrengt nach. Was konnte das sein? Als es mir einfiel, ging ich zu Lars.

»Du, ich habe das Cortison nicht mitgenommen. Das liegt zu Hause in Weimar.«

Lars reagierte mit der Gelassenheit, die ich an ihm so schätze: »Du nimmst doch sowieso nur noch so wenig davon.«

»Ja, das stimmt«, sagte ich nachdenklich. Es waren nur noch zwei Milligramm. Verglichen mit den gewaltigen Dosen, die ich früher bekommen hatte, war das nur noch ein symbolischer Wert. »Ich höre einfach auf damit«, verkündete ich.

Wie hatte Professor Hiepe gesagt? Zwei Jahre würde es dauern, bis sich mein Immunsystem nach der Operation wieder so weit aufgebaut hätte, dass es sich selbst vor Infektionen schützen könnte. Wie lang waren mir damals zwei Jahre erschienen. Aber sie waren um! Vorbei! Die Leidensphase, vor der mich der Hämatologe gewarnt hatte, hatte ich überstanden.

Heute war ein Tag zum Feiern! Endlich hatte ich das

seit nunmehr fast zehn Jahren angestrebte Ziel erreicht: ein Leben ohne Medikamente. Es war wie ein Startsignal zu entscheidenden Veränderungen in Lars' und meinem Leben.

Zwei Wochen später wussten Lars und ich, dass ich schwanger war.

Was hatte ich am Tag vor »Phase 2« der Stammzelltransplantation meinem Tagebuch anvertraut? *Ich denke manchmal, dass wir ganz von vorne anfangen müssten! Aus dem Grau sollten wir versuchen, einen bunten Spielplatz zu machen. Aber ob wir das schaffen?*

Jetzt lehnte ich mich an meinen Freund, der mir während der wechselvollen Geschichte meiner Krankheit und dem anstrengenden Weg zurück ins Leben unbeirrt beigestanden hatte. Wie oft begegnet einem ein Mensch, der ebenso stark an einen glaubt wie man selbst? Der in Kauf nimmt, dass man zwischendurch – oft für lange Monate – keine Kraft hat, auf ihn zuzugehen? Und der dennoch weiter an die gemeinsame Liebe glaubt.

Sternschnuppen, die über den nächtlichen Himmel ziehen. Zwei junge Leute, die im Gras liegen und die beide ein wenig Angst haben vor der Zukunft. Damit hatte alles begonnen.

Dass ich nun schwanger war, war nicht geplant. Doch wir beide hatten uns schon so lange ein Kind gewünscht.

»Ich muss sofort meine Eltern anrufen!«, sagte Lars.

»Wart noch ein wenig. Ich möchte wirklich sicher sein«, bat ich.

Zwei Wochen später fuhren wir dann zu seinen Eltern und anschließend gleich zu meinen und verkündeten die gute Nachricht. Ich glaube, ich habe meine Eltern noch nie so glücklich strahlen sehen.

In den schweren Zeiten meiner Kindheit hatte meine Mutter oft gesagt: »Alles wird gut.« Das sagte sie nun nicht mehr; »alles« wird nicht gut, aber manches kann besser werden. Ich selbst hielt mich auch keineswegs für geheilt. Die Sorge, dass mich eine Infektion erneut aus der Bahn werfen könnte, blieb stets. Sie ist so etwas wie die Narbe, die ich im Spiegel sehe und die mich an den Katheter erinnert.

Während meiner Schwangerschaft studierte ich emsig weiter und arbeitete gleichzeitig.

Das empfand ich keineswegs als stressig, sondern ganz im Gegenteil. Ich genoss meine Ruhephasen, legte mich auf die Couch, las zur Entspannung Bücher, braute mir genüsslich Tee und streichelte meinen allmählich sich rundenden Bauch. Lars, der inzwischen als Speditionskaufmann arbeitete, nahm sich ebenfalls die Muße, die Zeit der Schwangerschaft zu genießen.

Meine Freunde sagten: »Wir haben dich noch nie so ausgeglichen erlebt wie jetzt, wo du schwanger bist.«

Der errechnete Schwangerschaftstermin war der 26. Dezember. Wieder einmal die Weihnachtszeit … Ich hatte mir immer einen Sohn gewünscht, als Erstgeborenen wohlgemerkt. Dann noch ein Mädchen. Denn ich fand es schön, einen älteren Bruder zu haben. So sollte es auch bei meinen Kindern sein. Eigentlich war ich auch von Beginn der Schwangerschaft an überzeugt, dass »es« ein Junge werden würde.

So gelassen ich selbst die Schwangerschaft nahm, so überrascht waren die Ärzte. Meine Frauenärztin in Weimar war regelrecht ratlos.

»Oh Gott,« sagte sie, als sie meine ganze Vorgeschichte erfuhr, »damit kenne ich mich nicht aus! Wir müssen mit den Kollegen in Berlin Kontakt aufnehmen, ob das eine normale Geburt werden kann.«

Es zog mich nicht wirklich in die Charité! Erst zwei Monate vor dem errechneten Geburtstermin fuhr ich hin. Der erste Weg führte mich zu Frau Professor Arnold, der Leiterin der Hämatologie. Die Freude darüber, dass meine Geschichte eine so positive Wendung genommen hatte, war ihr anzumerken. Doch sie verbarg nicht ihre Sorge um meine Gesundheit und die des Kindes.

»Ich möchte, dass Sie in der Charité entbinden«, sagte die Professorin. »Es ist möglich, dass es während oder kurz nach der Geburt zu Komplikationen kommt, die sowohl Sie als auch das Kind gefährden. Wenn das der Fall sein sollte, sollten Sie gleich bei den Fachleuten sein.«

Anschließend hatte ich einen Termin bei Professor Hiepe. »Ich gehe davon aus, das wird eine ganz normale Geburt ohne jegliche Komplikationen«, sagte der Arzt, der mir ein neues Leben ermöglicht hatte.

Zwei Ärzte, zwei Meinungen. Dazwischen stand ich.

Ich verhielt mich so, wie ich es in vergleichbaren Situationen stets gehalten hatte: Ich folgte meinen Gefühlen. Und die sagten mir, dass ich mir keine Sorgen machen müsse. Die Ultraschall-Untersuchungen zeigten eine völlig normal verlaufende Schwangerschaft. Und sie bestätigten vorab meine Vorahnung, dass ich einen Jungen erwartete. Dass er sich in meinem Bauch normal entwickelte, konnte ich nur hoffen.

Ob die Ärzte dennoch Bedenken hatten? Immerhin war mein Körper über Jahre hinweg den stärksten Medikamenten ausgesetzt gewesen. Wahrscheinlich hielten die Doktoren es für besser, eine werdende Mutter nicht mit möglichen Problemen zu belasten.

Ich selbst kenne die Antwort auf diese Frage nicht und ich will sie auch heute nicht wissen. Ich habe mich auf die Stammzelltransplantation eingelassen, um ein neues Leben beginnen zu können, um die Ängste meines alten Lebens zurückzulassen.

Weihnachten ist kein Termin, an dem die personell schwächer besetzten Krankenhäuser gern freiwillig Geburten durchführen. Deshalb wurde der Geburtstermin auf den 17. Dezember festgelegt. Ich arbeitete bis vier Tage vor dem Termin. Am 15. brachte Lars mich schließlich in die Charité und am Morgen des 17. wurden die Wehen eingeleitet.

15 Stunden dauerte es, bis die Hebamme um 23 Uhr und drei Minuten sagte: »Sie haben einen gesunden Sohn, Frau Elstner!«

Lars war die letzten dieser schmerzhaften Stunden bei mir gewesen, im Kreißsaal.

»Geben Sie Lars unseren Sohn«, sagte ich. »Er soll ihn zuerst halten dürfen.« Lars nahm den Kleinen zärtlich auf den Arm und hieß ihn willkommen.

»Haben Sie schon einen Namen?«, fragte die Hebamme.

Lars reichte mir unser Kind.

»Er heißt Lasse Finn«, sagten Lars und ich wie aus einem Mund.

Ich blickte in das zarte, noch leicht verschrumpelte Gesicht des Neugeborenen und fühlte mich von einer Welle des Glücks getragen.

Am nächsten Tag kam meine Mutter und freute sich über ihren Enkel. Auch die Ärzte, die mich bislang nur als Lupus- oder Stammzell-Patientin erlebt hatten, besuchten mich. Frau Professor Arnold, die Leiterin der Hämatologie, brachte einen Blumenstrauß und schließlich kam Professor Hiepe mit einem Assistenten und einer Kamera.

»Sie müssen mit aufs Foto, Herr Professor«, sagte ich.

Während ich in vielen langen Stunden das Manuskript zu diesem Buch geschrieben habe, kam Lasse oft zu mir. Mal wollte er etwas zum Essen, mal war ein Spielzeug unauffindbar, dann musste ein Aua weggestreichelt werden. Danach ließ ich den Film meines Lebens wieder rückwärts bis zu dem Punkt laufen, an dem ich angehalten hatte. Manches Mal war ich dann doch nicht mehr bei der Sache und sah Lasse einfach nur beim selbstvergessenen Spielen zu.

Von allen Dingen, die ich durchgemacht habe und alles, was ich an Freude am Leben gespürt habe und immer noch spüre, alles was ich erreichen konnte, das Höchste sozusagen, spiegelt sich in diesem kleinen Mann wieder. Ihn anzusehen ist ein Bild ohne Worte. Er ist das Finale und ich bin nun vollkommen und gesund.

Ob ich geheilt bin? Ärzte beantworten diese Frage anders als betroffene Patienten. So will sich Frau Professor Arnold mein Blut auf jeden Fall 20 Jahre nach der Transplantation ansehen und mit jenem von anderen SLE-Patienten vergleichen. Vielleicht sind sie und ihre vielen Kollegen auf der ganzen Welt dann so weit, dass sie die entscheidende Frage beantworten können, die heute noch allen ein Rätsel aufgibt: Woher kommt er überhaupt, dieser heimtückische Wolf?

Was unseren kleinen Lasse betrifft, machen die Professoren mir Mut: In nur einem Prozent aller Fälle konnten sie statistisch belegen, dass der Lupus familiär auftritt. Und ich hatte keinen Lupus mehr, als ich schwanger wurde. Lars und ich hoffen, dass der Schatten des Wolfes nie auf unser Kind fallen wird. Er wird Erinnerung bleiben. So, wie das Foto von »Mama mit Glatze«.

Lars ist seit September 2004 mein Mann. Ich überlasse ihm das Schlusswort:

»All das, was ich an Ängsten und Sorgen hatte, kann man nicht einfach so in Worte fassen, genauso das, was ich im Anschluss an Erleichterung und Glückseligkeit erfahren habe. Lasse ist ein richtiger Sonnenschein, der uns beiden zeigt, wie viel Glück wir gehabt haben. Und wenn er lacht, lacht unser Herz mit. Lasse ist der Beweis, dass unser Zusammenhalt stärker war als Kerstins Krankheit, die als unbesiegbar galt.«

Mein Dank

Viele Menschen haben mir in schweren Zeiten beigestanden, nicht mit Mitleid, sondern mit ihrer starken Schulter, ihrer Geduld und ihrem unerschütterlichem Glauben an meine Kraft, das alles durchzustehen und zu Ende zu führen. Für dieses Vertrauen danke ich in erster Linie meinem Mann Lars, meinen Eltern und Schwiegereltern, meinem Bruder Heiko, meiner Schwägerin Kirsten. Ein ganz besonderer Dank geht an meine Freundin Anka, die auch in schwierigen Zeiten stets für mich da und als Freundin an meiner Seite war.

Ich danke meinen Freunden Beate und Bernhard, dass sie für Lars eine Unterkunft geboten haben, während ich mit Lasse im Krankenhaus lag.

Und natürlich danke ich den Ärzten, die mir dieses neue Leben ermöglicht haben. Dazu gehören an erster Stelle Dr. Carsten Wolbart, der mich von Beginn an zuverlässig betreut und mir stets die Angst vor der Krankheit genommen hat, Prof. Dr. Falk Hiepe und Frau Prof. Dr. Renate Arnold, die diese Stammzelltransplantation ermöglicht haben.

Mein Dank gilt auch allen Schwestern und Ärzten, die auf den Stationen gearbeitet haben und stets ein nettes, aufmunterndes Wort und ein Lächeln für mich hatten.

Erklärung der Begriffe

Amoxicillin – Breitbandpenicillin, ein Antibiotikum gegen Infektionen

Angina – Mandelentzündung

Antikörper – körpereigenes Protein, das körperfremde Stoffe erkennen und »bekämpfen« kann. Wird in den Plasmazellen gebildet.

Autoimmunkrankheit – das fehlerhaft regulierte Abwehrsystem des Körpers greift das eigene Körpergewebe an (z. B. Diabetes Typ I, Multiple Sklerose, Lupus). Die Vorsilbe Auto- bedeutet »Selbst-«.

cerebral – das Gehirn betreffend

Charité – zugehörig der Medizinischen Fakultät der Humboldt Universität in Berlin; die Gründung geht auf einen Erlass des Preußen-Königs Friedrich I. im Jahr 1709 zur Einrichtung eines »Pesthauses« zurück. Im 19. Jahrhundert Wirkungsstätte u. a. von Rudolf Virchow (fand heraus, dass Fehlfunktionen von Zellen Krankheiten verursachen), Robert Koch (entdeckte die Bedeutung der Bakterien), Paul Ehrlich (Erfinder der Chemotherapie).

Chemotherapie – Methode, um Zellwachstum bzw. Zellteilung durch Gabe bestimmter Medikamente anzuhalten (siehe Endoxan).

chronisch – eigentlich: sich langsam entwickelnd; umgangssprachlig gebraucht für: dauernd, ständig

Cortison – Medikament, das entzündliche Prozesse im Körper unterdrückt und daher bei Lupus die Therapie erster Wahl ist (als Stoß- oder Langzeittherapie). Siehe auch: Nebennierenrinde.

Cymeven – hemmt die Vermehrung bestimmter Viren.

Endoxan – ein Cyclophosphamid. Substanz, die Immunzellen im Blut vernichtet und so eine Fehl- oder Überfunktion des Immunsystems unterdrückt.

Hämatologie – medizinisches Spezialgebiet, das sich mit Blut und Blutkrankheiten beschäftigt.

immun – für Krankheiten unempfindlich

Immunsystem – seine Aufgabe ist die Abwehr körperfremder »Angreifer« wie Viren, Bakterien, Pilze, Parasiten, Umweltgifte oder körpereigener »Angreifer« wie Tumorzellen. Bei einem gesunden Menschen erkennt das Immunsystem den Unterschied zwischen eigenen und fremden Angreifern; Hormone (siehe Nebennierenrinde) und Erbfaktoren produzieren Antikörper. Ist dieses System gestört, funktioniert diese Unterscheidung nicht mehr und körpereigene Zellen werden bekämpft als ob es körperfremde wären, was zu einer Autoimmunerkrankung führt.

Immunzelle – Abwehrzelle

Kardiologe – Herzspezialist

Kortison – siehe Cortison

Leukozyten (»Leukos«) – weiße Blutkörperchen

Lupus – das Wort bedeutet im Lateinischen »Wolf«. Der Begriff stammt aus dem frühen 19. Jahrhundert, als ein französischer Dermatologe geschwürige Hautveränderungen des Gesichts mit starker Narbenbildung als »Wolfsbiss« bezeichnete. Bereits im 13. Jahrhundert beschrieben Ärzte dauerhafte Rötungen im Gesicht von Patienten als Schmetterlingszeichen, da diese auf Wangen und Nasen erkennbar waren. Bis heute wird der Begriff »Schmetterlingskrankheit« als Synonym für Lupus verwendet. Schätzungen zufolge leiden in Deutschland etwa 40 000 Menschen an dieser Autoimmunerkrankung; Frauen sind zehnmal häufiger betroffen als Männer.

Lupus Erythematodes (LE) – Das griechische Wort *erythema* bedeutet Röte oder Rötung; folglich »geröteter Wolf«. Vom LE spricht man, wenn nur die Haut betroffen ist, wie im Fall des Popstars Seal.

Systemischer Lupus Erythematodes (SLE) – Form des Lupus, bei der mehrere Körperorgane gleichzeitig (z. B. Gelenke, Herz, Hirn, Lunge, Nieren) schwere Schädigungen aufzeigen können, was zum gleichzeitigen Versagen einiger Organe führen kann.

Lymphozyten – von Stammzellen im Knochenmark abstammende und hauptsächlich über die Lymphbahnen ins Blut gelangende weiße Blutkörperchen.

MRT – Magnet-Resonanz-Therapie, auch Kernspin-Tomographie. Technik zur Darstellung innerer Organe mithilfe von Magnetfeldern und Radiowellen.

Nebennierenrinde – lateinisch: *cortex* (wörtlich: »Rinde«), produziert im menschlichen Körper u. a. das Hormon Cortison, gibt es ans Blut ab und stärkt so die Abwehrkräfte (siehe Immunsystem). Ist dieser Vorgang gestört, wird Cortison in Medikamentenform zugeführt.

Nephrologie – Nierenheilkunde

Prednisolon – ein Cortison-Präparat

Remission – Rückgang oder vorübergehendes Abklingen von Krankheitserscheinungen

Rheuma – allgemein gebräuchlicher Sammelbegriff für etwa 400 Erkrankungen unterschiedlicher Ausprägung. Dazu zählen auch einige Autoimmunerkrankungen.

Sandimmun – ein Cyclosporin, welches bei Autoimmunerkrankungen das Immunsystem daran hindert, körpereigenes Gewebe zu zerstören.

Schub – in unregelmäßigen Abständen auftretende Häufung verschiedener Krankheitssymptome mit unterschiedlicher Intensität, die vom Betroffenen als massive Verschlechterung des Wohlbefindens empfunden wird (medizinisch: akute Periode). Zwischen den Schüben spricht man von »ruhigen Zeiten« (siehe Remission).

Stammzelle – Zelle, die sich zu verschiedenen Typen von Körperzellen entwickeln kann. So kann aus der Stammzelle auch die Immunzelle hervorgehen. Man unterscheidet zwischen adulter (ausgewachsener) und embryonaler Stammzelle.

Stammzelle des Knochenmarks – Blutstammzelle, aus der sich alle Blutkörperchen entwickeln.

Stammzelltransplantation – hochdosierte Chemotherapie vernichtet sämtliche Abwehrzellen (Immunzellen). Anschließend wird durch Transplantation von körpereigenen (autologen) oder körperfremden Stammzellen ein neues Immunsystem aufgebaut.

Stoßtherapie – hochdosierte Gabe eines Medikaments. Im Fall von Cortison werden so stärkere Nebenwirkungen vermieden.

Literatur- und Internet-Hinweise

Bücher:

Der Systemische Lupus Erythematodes – Ein Ratgeber für Betroffene. Herausgegeben von der Deutschen Rheuma-Liga Bundesverband e. V.

Ilona Maria Hilliges: Rat und Hilfe bei Lupus, Stuttgart 2001

Internet:

www.charité.de
Webseite des Klinikums mit Informationen zu Forschung und Studium

www.drfz.de
Informationsseite des Deutschen Rheuma-Forschungszentrums Berlin – Info-Tel.: 030/28460793

www.rheuma-liga.de
Webseite des deutschen Bundesverbandes mit generellen Informationen zum Thema – Info-Tel.: 0228/7667080

www.rheumanet.org
Webseite der Deutschen Gesellschaft für Rheumatologie, von Patientenorganisationen, der Gesellschaft für Kinder- und Jugend-Rheumatologie sowie des »Kompetenznetzes Rheuma« mit sechs rheumatologischen Universitätskliniken in Berlin, Düsseldorf, Erlangen, Freiburg, Hannover und Lübeck/Bad Bramstedt, dem

Deutschen Rheuma-Forschungszentrum (DRFZ) in Berlin und der Arbeitsgemeinschaft Regionaler Kooperativer Rheumazentren (25 Zentren mit über 110 Einrichtungen) – Telefon Geschäftstelle Berlin: 030/24048471

www.lupus-live.de

Private Webseite mit viel besuchtem Forum, deren Ziel es ist, Erfahrungen und Meinungen zu allen nur erdenklichen Bereichen zu sammeln, Kontakte zu knüpfen und zu vermitteln und einen interessanten Erfahrungsaustausch anzuregen

www.rheuma-info.de

Webseite als Patientenservice mit Gesundheitstipps vor allem zum Thema Gelenke

www.nakos.de

Webseite der Nationalen Kontakt- und Informationsstelle zur Anregung und Unterstützung von Selbsthilfegruppen

www.worldlupusday.org

Englischsprachige Webseite zum Weltlupustag am 10. Mai. Die Seite berichtet von Fortschritten in der Lupus-Forschung

www.lupus.org

Englischsprachige Webseite der Lupus-Stiftung von Amerika mit aktuellen Nachrichten zum Thema mit Links zu Forschungseinrichtungen